Études romanes de l'Université d'Odense · Vol. 4

Elévation et expansion

Les deux dimensions de Baudelaire

Trois essais sur la technique
poétique des Fleurs du Mal

Odense University Press · 1973

Andelsbogtrykkeriet i Odense
ISBN 87 7492 078 2

Avant-propos

Tout livre a son histoire privée qui, en dernière analyse, se confond naturellement avec celle de son auteur et ne saurait guère intéresser le public. Cependant il m'est impossible de ne pas remercier ici les nombreux collègues et amis qui, de près ou de loin, m'ont inspiré et encouragé à mener cette recherche à son terme. Je pense en particulier à mes collègues de l'Institut d'Etudes Romanes de notre jeune université d'Odense, qui ont tous, chacun dans sa spécialité, contribué à en faire un lieu d'étude sérieux et un milieu universitaire expansif. Grâce à l'infatigable enthousiasme de Mme Danièle Rosadoni, lecteur de français à l'université d'Odense, dont les précieuses suggestions ont été pour moi d'un profit constant, j'ai pu éviter plus d'un piège stylistique. Mmes Mette Duus-Larsen et Anne-Marie Têtevide ont apporté toute leur compétence sympathique à mettre mon manuscrit au net.

Une place spéciale dans l'histoire privée du présent travail revient à celui qui m'a initié aux études baudelairiennes, M. Hans Sørensen, professeur à l'université de Copenhague; on retrouvera son nom tout au long des pages qui suivent.

Il me reste à remercier l'université d'Odense de la généreuse subvention sans laquelle ce livre n'aurait pas vu le jour.

Odense, janvier 1973

Morten Nøjgaard

Table des matières

La première condition nécessaire pour faire un art sain est la croyance à l'unité intégrale.

(Baudelaire. *Les drames et les romans honnêtes*. Club 970.)

Introduction: le poète cyclique

L'une des choses qui fit le plus enrager Baudelaire au cours du procès des Fleurs du Mal fut d'être appelé « réaliste » par le procureur public[1] et il railla Champfleury d'avoir fabriqué cette « étiquette » qu'il qualifiait de « blague » ou de « pétard »[2]. D'autre part, Baudelaire se voulut résolument *moderne*[3] et dans les notes précitées sur Courbet il ajoutait: « Tout bon poète fut toujours réaliste » (Club 1287), paradoxe éclairé par un passage capital de l'*Art romantique* (Club 970) où le poète déclare que seul est utile l'art qui ne déforme pas les réalités de la vie:

> « L'art est-il utile? Pourquoi? Parce qu'il est art. Y a-t-il un art pernicieux? Oui, c'est celui qui dérange les conditions de la vie. Le vice est séduisant, il faut le peindre séduisant; mais il traîne avec lui des maladies et des douleurs morales singulières; il faut les décrire. »

La doctrine que Baudelaire prêche ici est celle de l'unité intégrale de la vie et de l'art[4]. Le présent travail veut prendre Baudelaire au mot[5] et examiner dans quelle mesure le poète a réussi à rendre dans son art cette unité intégrale. Par là il contribuera indirectement, je l'espère, à éclairer le vieux débat sur la vision baudelairienne du monde. En effet, pour les uns, Baudelaire, 'homo duplex', est le type même du dualiste qui oppose incessamment

---

[1] Voir Porché 330.

[2] Ces remarques se trouvent dans un essai inachevé sur Courbet. *Puisque réalisme il y a* (Club 1286 sqq.).

[3] Voir les textes cités à la fin de ce volume, p. 164.

[4] « Un livre de poésie doit être apprécieé dans son ensemble et par sa conclusion. » (Préambule des articles justificatifs, Adam 253.)

[5] Il est vrai que la chose n'est pas facile: au passage cité sur la moralité de l'art fait écho la boutade suivante, recueillie dans une lettre à la mère de Baudelaire:
« (...) vous savez que je n'ai jamais considéré la littérature et les arts que comme poursuivant un but étranger à la morale, et que la beauté de conception et de style me suffit. ».

le beau et le laid, le savoir et l'ignorance[6], le vice et la vertu, Satan et Dieu, etc.[7]. Pour les autres le fin mot de son idéologie se trouve dans la notion de « surnature »[8], et Baudelaire est ainsi présenté comme une sorte de champion de la dialectique hégelienne, ce qui aboutirait à faire de lui un esprit véritablement « synthétique »[9]. Cependant les dualistes ont beau jeu de réduire une telle synthèse, ne serait-ce qu'en citant la note de *Mon cœur mis à nu* XI (Club 1430): « Deux qualités littéraires fondamentales: surnaturalisme et ironie »[10]. Aussi, d'autres encore ont-ils préféré interpréter les textes baudelairiens comme l'expression d'une philosophie moniste d'ordre essentiellement mystique. Ces critiques s'appuient évidemment sur la doctrine des correspondances[11], magistralement analysée par Jean Pommier.

Toutes ces interprétations ont du vrai assurément; elles me paraissent néanmoins simplifier exagérément le message des *Fleurs du Mal.* En effet je crains que le débat ne repose sur des prémisses erronnées, à savoir que le message poétique des FM s'exprime à travers des signes de la même nature stable que ceux du langage philosophique. Paradoxalement le débat est surtout faussé du fait que la presque totalité des critiques, abusés par le génie critique et introspectif de Baudelaire, ont étendu leurs recherches à l'ensemble des écrits laissés par Baudelaire, sans s'aviser, apparemment, que le code utilisé dans les articles esthétiques, p. ex., est d'une structure trop différente de celui constitué par le recueil poétique pour qu'une confrontation directe en puisse avoir quelque utilité. Avec une telle méthode, les critiques arrivent à faire dire à Baudelaire n'importe quoi. Pour ma part,

---

6 V. p.ex. son « goût diaboliquement passionné de la bêtise » (Projet de préface, Adam 250). Cf. le dessin de Baudelaire intitulé « Un idiot ».

7 C'est p.ex. la position de Hans Sørensen, ou de G. Poulet qui modifie cependant le dualisme par l'importance qu'il attribue au travail créateur et à la description dynamique de la condition humaine (v. p.ex. *Temps* 348). C'est là aussi à peu près la position de R. Galand. En effet, si Galand 15 adopte l'idée de « Baudelaire, poète de la Fragmentation », conception dualiste essentiellement, il insiste au cours de son livre sur la dynamique créatrice en tant qu'essence du message baudelairien.

8 Dans le *Salon de 1846* (Club 615), parlant de la méthode de Delacroix, Baudelaire attribue le mot à Heine, ce qui en illustre bien l'origine allemande.

9 C'est là le point de vue de C. V. Holst, p.ex., point de vue qu'un Austin transpose sur le plan esthétique: « Mais l'ambition de Baudelaire était de faire en sorte que « tout, même l'horreur, tourne aux enchantements. »» (p. 344).

10 Cf. Galand 178 sqq.

11 Voir p.ex. la citation importante que fait Baudelaire de Hoffmann dans le *Salon de 1846* (Club 307–08).

je me limiterai modestement à étudier les *Fleurs du Mal*, convaincu que lorsque la structure poétique de ce recueil aura été déterminée avec une précision raisonnable, il redeviendra possible de parler avec quelque certitude du message baudelairien.

J'espère démontrer par mon analyse structurale que notre question initiale touchant l'idéologie de l'*homme* Baudelaire ne saurait recevoir de réponse définitive si nous pensons au message du poète des *Fleurs du Mal*. Dans cette perspective elle est donc mal posée. C'est que la nature même du signe baudelairien tel qu'il se manifeste à l'intérieur des FM et dans la succession de ses poèmes ne peut se réduire à ces notions de dualisme, de synthèse ou de mysticisme. La finalité du signe ne consiste pas à apporter une réponse, mais à peindre un itinéraire spirituel. Ce qui fait de ce message un apport original et valable à la connaissance de notre condition, c'est donc la description qui y est faite du *cheminement* qui pousse l'homme tantôt vers l'un, tantôt vers l'autre de ces trois extrêmes, description de la démarche que nous devons entreprendre pour nous rapprocher de l'unité intégrale. Ainsi il est certain p. ex. que le signe baudelairien est écartelé entre deux pôles, l'un négatif, celui de l'abîme, l'autre positif, celui du ciel, et il est également certain que, dans sa structure, il reflète un effort pour introduire dans ce système binaire un troisième pôle synthétique. Mais l'originalité de cette structure, c'est d'une part, d'être *orientée*, c'est à dire de « tirer vers le bas », de démentir sans cesse cette aspiration vers la synthèse; d'autre part d'être *cyclique*, c.-à-d. de comporter une composante originale qui fait à tout coup se redresser la ligne descendante ou rebondir le mouvement vers l'abîme. Seule la reconnaissance de ces deux composantes dynamiques de la structure sémiotique baudelairienne que l'on peut schématiser par une *ligne courbe*, permettra, à mon avis, de redonner un sens au débat sur la nature de son message. A ce propos, il convient de souligner dès maintenant qu'il n'est pas question de faire de Baudelaire le prophète d'un dynamisme anarchique, sans aucune orientation: à cela s'oppose le jeu croisé des *deux* composantes dynamiques.

A titre d'exemple, on peut prendre son esthétique du *navire*. Tout le monde connaît la page fameuse sur l'idéal baudelairien incarné dans le bateau à voiles[12] avec l'imcomparable impression qu'il provoque chez tout spectateur de mouvement, d'élégance et de sveltesse: si la statue est l'image *théorique* de la beauté baudelairienne, le navire en est l'actualisation, la réalisation sensorielle. De là il n'y a qu'un pas, vite franchi par les critiques

---

12 *Fusées* XV (Club 1435).

(p. ex. Richard et Poulet), pour faire de la poétique baudelairienne un art du mouvement. Or, on n'a pas assez observé que le navire baudelairien est normalement contemplé *au port*[13] où il figure la possibilité du mouvement, mais sans qu'on en tente la dangereuse réalisation[14]. Ainsi il n'est pas faux de parler d'un art baudelairien du mouvement, mais il importe de comprendre qu'à tout moment il risque de s'enliser dans les marasmes de la virtualité. Cette opposition est surmontée à son tour par l'introduction de la cyclicité qui permet au navire de partir, mais aussi de revenir!

Pichois-Pommier (FM, éd. Club des libraires de France) 23 qualifient Baudelaire de « génie concentrique, (...) plus porté à creuser qu'à s'étendre », remarque pertinente, certes, mais partielle. Car Baudelaire aspire *aussi* à s'étendre, tout son univers est déchiré entre les mouvements presque également forts de concentration et de dilatation, comme l'a bien montré Richard. Par conséquent, l'analyse de structure poétique qu'on va lire devra dégager le *jeu* compliqué de ces composantes dynamiques de l'univers imaginaire baudelairien. J'examinerai en particulier la façon dont est organisé l'espace des FM. Aussi ai-je choisi comme point de départ le sonnet du *Gouffre* qui en présente comme un résumé. L'entreprise se déroulera en trois temps. Il aurait été logique de commencer par considérer la structure syntagmatique, c.-à-d., en gros, les problèmes compositionnels. Cependant j'ai cru nécessaire d'aborder cette reconsidération des forces fondamentales des FM par une analyse des signes: seul le niveau paradigmatique fait ressortir avec suffisamment de clarté les catégories de pensée dans lesquelles est coulée la substance des FM. Du même coup le projet compositionnel de Baudelaire apparaîtra dans toute son ampleur: il marque la tentative suprême de la cyclicité, car il cherche à faire du recueil même une réalisation de l'unité intégrale et à démontrer que, sur le plan de l'idéal (de la beauté), on peut réconcilier les polarités qui déchirent l'univers en les intégrant dans un procès dynamique de nature cyclique. A cet égard, il convient de souligner la perspective « biographique » de l'œuvre que j'interprète comme la tentative de faire coïncider le récit d'une aventure spirituelle avec la cons-

---

13 V. p.ex. FM LIII *L'Invitation au voyage*. Notez que le texte des *Fusées* oppose précisément symétrie et génération de courbes, deux *principes* également agréables à l'œil. C'est exactement dans le même sens que B. déclare la couleur et la ligne également importantes pour la peinture (*Salon de 1846*, Club 601).

14 C'est précisément ainsi que le navire nous apparaît dans *Fusées* VIII (Club 1427): « Ces beaux et grands navires, imperceptiblement balancés (dandinés) sur les eaux tranquilles, ces robustes navires, à l'air désœuvré et nostalgique, ne nous disent-ils pas, dans une langue muette: Quand partons-nous pour le bonheur? ».

truction d'un monde subjectif, et ce dans une dimension temporelle qui, par sa récursivité fondamentale, permet de transposer sur le plan universel ce cheminement tout personnel.

Enfin, dans un troisième temps, j'ai cru utile de montrer que ce modèle cyclique n'est pas seulement une abstraction critique, mais qu'il peut se retrouver dans un poème considéré isolément: d'une façon ou d'une autre, tout poème baudelairien est la recherche d'une synthèse. Parallèlement, l'analyse du sonnet des *Chats* nous permettra de comprendre que Baudelaire était parfaitement conscient du caractère utopique de la figure cyclique parfaite. Le sonnet nous installe dans un circuit où la puissance magique des chats, alliant repos et mouvement, prétend établir une synthèse cosmique totale où les pôles contradictoires de l'existence coexisteraient harmonieusement. Or ce n'est là, précisément, qu'un truc magique et nous retrouvons ainsi cette réalité baudelairienne dont nous étions partis: la vérité de son art ne réside pas dans la synthèse réussie, mais dans la *recherche* de l'unité intégrale.

Au fond, c'est ce même principe qui devrait présider à toute démarche critique, en ce sens que le critique baudelairien, travaillant à l'intérieur d'une longue tradition herméneutique où abondent les études profondes et originales, ne saurait tant s'appliquer à infirmer les dires de ses devanciers qu'à *intégrer*, autant que faire se peut, leurs analyses dans sa propre perspective tout en tenant compte du caractère particulier inévitable de celle-ci. J'ai évidemment dû opérer un tri dans l'immense littérature qui entoure – et quelquefois accable – le grand poète. J'ai surtout profité des études qui se préoccupent de révéler les structures profondes de l'univers baudelairien, structures dont j'ai essayé de montrer moins l'anatomie psychique que le fonctionnement poétique[15]. Cependant ce n'est pas un hasard, sans doute, si mon analyse peut apparaître comme complémentaire en quelque sorte de celle tentée par René Galand pour « dégager le schème fondamental de la sensibilité baudelairienne » (p. 115) en se fondant surtout sur les principes de la critique archétypale. Il recherche les constantes anthropologiques sous-jacentes à toute l'œuvre et il constate la primauté du *mouvement* qui porte Baudelaire à reprendre inlassablement la confrontation entre ses principes polaires. Il est hautement significatif que les résultats d'une analyse qui s'attache au contenu du message poétique soient ainsi en concordance avec les schèmes qui ordonnent l'expression poétique selon l'analyse for-

[15] Dans cette perspective je serais heureux si ce petit livre pouvait servir d'introduction à certains aspects de la critique baudelairienne.

melle structuraliste. Dans la section intitulée « La quête et l'échec » (pp. 115–17), R. Galand résume ainsi l'expérience baudelairienne:

> « Ce mouvement est celui d'une quête toujours déçue, soit que l'objet souhaité échappe à la prise, dans une fuite sans fin, soit que, une fois saisi, il se révèle sans valeur (...). Aux tentatives d'évasion répétées succède la retombée dans le réel haï. » (p. 116).

Cette concordance m'incite à penser que l'analyse poétique structurale n'a pas à se préoccuper outre mesure des critiques de ceux qui n'y veulent voir qu'un pur jeu de l'esprit. Car c'est bien grâce à son intermédiaire que le lecteur patient a une chance de pénétrer jusqu'au cœur d'un message humain et de connaître ainsi ce qui l'a si profondément marqué.

CHAPITRE 1

La place du *gouffre* dans l'univers imaginaire de Baudelaire

Quelques réflexions sur la nature du signe poétique baudelairien

> « Comment diable cet homme fait-il pour dessiner tranquillement sur un abîme, je n'en sais rien. »
> (Baudelaire envoyant en 1860 à sa mère un album de ces étranges paysages parisiens métaphysiques dessinés par Meryon. CG III 57).

1. Introduction. Le problème du texte

Symbole d'une certaine terreur existentielle, le gouffre est aussi l'emblème d'une situation herméneutique: l'interprète creuse infatigablement le texte dans l'espoir de rencontrer le roc de la vérité. Souvent il ne réussit qu'à découvrir un abîme dont le fond semble se dérober à chaque coup de pioche de l'intelligence. Qu'y a-t-il au fond du gouffre? La réponse sera capitale pour la bonne intelligence du gouffre baudelairien comme elle le serait, bien sûr, pour la question herméneutique en elle-même. Mais encore faut-il connaître le terrain dans lequel s'ouvre l'abîme puisque le trou ne peut se penser sans la plaine. Ainsi cette réponse « herméneutique » conditionnera en grande partie la chance du critique de percer une veine d'or ou de rencontrer tout simplement un amas confus de déchets hétéroclites: s'il a mal compris le terrain à prospecter, son activité d'approfondissement ne se soldera que par un triste éboulement. S'attend-il p.ex. à y découvrir le vrai Baudelaire? Il risquera de ne déterrer que sa propre image. Aussi mon propos sera-t-il plus limité: en recherchant le sens du gouffre de Baudelaire, je commencerai par décrire avec exactitude ce qu'on y trouve; je ferai une sorte de description topographique dans laquelle le gouffre apparaîtra comme un des hauts-lieux – ou plutôt une des sources vives – du paysage baudelairien. Tout le monde sait qu'un lieu géographique se définit par rapport au terrain qui l'entoure; ainsi telle colline sera montagne au Danemark et minuscule accident de terrain dans les Alpes. La description littéraire sera également relative: les « lieux » de la pensée se définiront les uns par rapport aux autres et ce qui, à l'un, semble se creuser en abîme fatidique, s'élargit aux yeux d'un autre en lieu de réjouissances. Quant à savoir quels sont les « habitants » de ces lieux, je laisserai cette question à des esprits plus subtils.

Avec la beauté et l'amour, le gouffre appartient à ces thèmes fondamentaux auxquels les critiques (après les poètes) ne cessent de revenir. Dès lors, comment peut-on se flatter d'ajouter du nouveau au débat? Sans doute, une telle ambition serait bien vaine si l'on continuait à définir de la même façon le « terrain » dans lequel s'ouvre le gouffre. Cependant, par sa signification « archétypale » même, le terrain du gouffre me semble particulièrement fécond pour explorer dans quelle mesure la combinaison des deux perspectives évoquées – description « topographique » et approfondissement psychique – pourra servir à compléter les points de vue thématiques ou mythiques, lorsqu'on insiste sur la valeur *fonctionnelle* d'un concept de ce genre. Si l'on reconnaît, d'une part, la nature existentielle profonde de l'image mentale du gouffre, on constate, d'autre part, que le thème littéraire du gouffre fonctionne comme un moyen d'actualiser cette valeur en lui conférant une signification humaine spécifique. C'est dans la recherche d'une méthode scientifique permettant de cerner d'un peu plus près que la critique littéraire n'a eu l'habitude de le faire ce fonctionnement d'un concept général à l'intérieur d'un contexte particulier que le présent essai voudrait trouver une certaine originalité. Je ne considérerai donc le gouffre ni comme un symbole dans le sens rhétorique traditionnel ni comme une force psychique dans le sens d'une certaine critique moderne, mais tout simplement comme un *signe poétique*, dans un sens analogue à celui dans lequel la linguistique structurale parle d'un signe linguistique, c.-à-d. une unité de signification dotée d'un plan du contenu et d'un plan de l'expression. Selon ce modèle, ce que je tâcherai de décrire, ce sera la *forme du contenu du signe poétique, le gouffre*.

Cependant, en matière de littérature, cette assertion d'apparence relativement anodine se complique dangereusement à cause du *problème du texte*: où ce « signe poétique » du gouffre baudelairien existe-t-il, quel en est le « terrain » (le contexte)? Dans le cas qui nous occupe, il ne saurait guère y avoir de doute: le contexte pertinent est constitué par le corpus de textes qu'on connaît aujourd'hui sous les titres des *Fleurs du Mal*, des *Pièces condamnées* et des *Nouvelles Fleurs du Mal*. Les deux concepts capitaux ici sont celui de contexte et celui de corpus. De mon point de vue, le contexte pertinent ne saurait en aucun cas être l'homme Baudelaire, car il ne s'agit pas de dégager une des constantes psychiques de son caractère ni même les principes de son idéologie (« vision du monde »); mon propos est de définir les éléments *formels* qui charpentent l'univers imaginaire des poèmes des FM (comprises dans le sens large déjà mentionné) et dont l'existence et le fonctionnement assurent à l'œuvre dans son ensemble sa valeur de message poétique.

Cette simple observation me permettra de prendre position par rapport à la rhétorique générale et à la psychocritique. En effet, pour l'une comme pour l'autre, la notion d'*œuvre* (c.-à-d. de corpus) n'a pas de sens. Si la rhétorique générale doit analyser le *symbole* du gouffre en l'insérant dans un contexte qui comprend tout ce que nous connaissons de la main de Baudelaire, reconstituant ainsi un ensemble concret, certes, mais arbitraire, puisque le hasard seul a opéré ce choix entre la totalité des textes réellement produits par Baudelaire, la psychocritique s'attachera à placer le concept de gouffre dans un ensemble abstrait, mais non moins fortuit, constitué par tous les traits caractériels de Baudelaire, en particulier ceux impliqués par ses traumatismes. Ici également on puise ces traits dans l'ensemble de ses messages conservés, mais 'stricto sensu', ceux-ci comprennent maintenant, en plus des écrits, les dessins, les témoignages sur les langages gestuel et phonique de l'homme Charles Baudelaire. Le vrai contexte (le corpus!) se définit dès lors comme la « vie de Baudelaire ».

Sans nier la pertinence de ces deux manières de comprendre le contexte d'un message poétique, le présent essai veut montrer que le *gouffre* – avant d'être ce que les méthodes citées voudraient en faire – doit d'abord s'analyser comme un élément (un signe) d'un message poétique particulier, et qu'à moins de se rendre compte, au préalable, de la fonction de cet élément dans le système général – le *code* dont il forme un des signaux de base –, on ne pourra légitimement tenter de l'insérer ni dans un raisonnement de rhétorique générale ni dans une analyse psychique particulière. Le gouffre n'est rien en soi: chaîne de sons arbitraire ou objet représenté fortuit. Seule son insertion dans un langage poétique en fait un signe.

Or, le propre d'un code poétique est d'exister dans un corpus fermé: c'est le nombre *fini* des occurrences d'un « symbole » qui nous permet de l'interpréter (ainsi la proposition « le sens du gouffre dans le sonnet de Baudelaire ainsi intitulé » formerait un énoncé correct). Pour pouvoir procéder scientifiquement, il faut par conséquent disposer de critères de délimitation du corpus. Il est vrai que l'on pourrait théoriquement penser à un choix arbitraire – comme le font en principe les linguistes (et, en un sens, certains rhétoriciens et critiques littéraires). Mais, précisément, cette procédure est acceptable uniquement pour qui s'occupe d'un champ d'investigation en principe illimité: il fait son choix surtout en raison de considérations d'ordre pratique (et statistique). En revanche le critique littéraire serait bien incapable de choisir arbitrairement son corpus, tant serait évidente l'absurdité de celui qui voudrait accoupler le gouffre de Baudelaire et un texte de Pascal – sans passer *obligatoirement* par le reste des poèmes de Baudelaire; tout comme il serait hors de question de prétendre engendrer soi-même de nouveaux contextes (c.-à-d. de nouveaux poèmes de Baudelaire!), possibilité que le linguiste a, lui, à sa disposition[1]. Les poèmes de Baudelaire constituent donc pour l'analyse du gouffre un contexte privilégié par rapport aux textes de Pascal, par exemple.

Bien entendu, cette constatation banale ne manquera pas de soulever un certain nombre de difficultés théoriques. Ainsi, il est indiscutable que le contexte le plus naturel des premières pièces de Corneille (jusqu'au *Cid*) serait la poésie dramatique baroque et précieuse – tandis que celui de ses dernières serait, plutôt que ses œuvres de jeunesse, celles des Quinault, Racine et Thomas Corneille. Cependant, en ce qui concerne Baudelaire, le problème n'exige pas de considérations philosophiques bien difficiles. Il est impossible, même au plus mal intentionné, de tomber dans le leurre du texte unique (« seul existe le poème »), puisque Baudelaire a pris bien soin de nous avertir de regarder les FM comme un livre, c.-à-d. comme un seul texte continu (p.ex. « Le livre doit être jugé *dans son ensemble* (...). » *Notes et documents pour mon avocat* (Adam 254). Pour plus de détail v. infra p. 79 sq. Si le recueil des FM se présente ainsi avec tous les caractères externes et internes d'un texte continu bien délimité, peut-on raisonnablement élargir ce cadre pour prendre en considération les poèmes des PC et, surtout, des NFM? Ne serait-ce pas ouvrir toute grande la porte à la notion de contexte arbitraire? Dans le cas des *Méditations* de Lamartine, p.ex., il faudrait certainement en convenir; mais l'objection n'est pas valable pour Baudelaire: au fond Baudelaire n'a jamais écrit qu'un seul recueil de poésie. A part des pièces de circonstance facilement identifiables (comme les « Amoenitates Belgicae »), Baudelaire, tout au long de sa vie productive, destine ses poèmes à un seul et même recueil dont le titre n'a jamais varié après la 1ère édition de 1857. La maladie et la mort l'ont empêché d'en fournir une édition définitive, mais il n'a jamais laissé planer l'ombre d'un doute sur son intention de placer les NFM dans son « magnum opus » (cf. Feuillerat 321 sqq.).

[1] Cf. à ce propos les profondes réflexions de I. O. Revzin 559 sq. sur la non-récursivité des phrases du langage poétique.

Je trouve donc, non seulement légitime, mais nécessaire, d'insérer le sonnet du *Gouffre* (n° XIV des NFM) dans le contexte des FM: c'est à l'intérieur du corpus fini constitué par l'œuvre lyrique de Baudelaire que le signe du gouffre doit trouver son sens.

Le texte qui servira de base à mon étude sera celui de la dernière version des poèmes (conséquence nécessaire de l'admission des NFM). De la sorte, nous devons établir 3 stades de ce 'texte': 1° la première édition de 1857 (à strictement parler, les diverses publications dans les revues (ou les autographes conservés) ne comptent pas dans notre perspective, puisque les poèmes ne se présentaient pas alors comme appartenant au recueil, les FM, texte non encore constitué); 2° la seconde édition en 1861 + les PC; 3° la seconde édition + les PC avec les variantes de la main de Baudelaire + les NFM. Je ne m'occuperai d'ailleurs pas ici des différences éventuelles entre les univers sémantiques de ces 3 corpora: il est bien évident qu'ici aussi une comparaison présuppose une analyse des contextes considérés en eux-mêmes. Notons, pour éviter toute équivoque, que les 3 « éditions » réunies ne pourront jamais constituer un seul et même corpus.

2. L'étendue du signe poétique

Il importe encore, avant d'entrer dans le vif du sujet, de relever un autre trait distinctif entre les deux signes, linguistique et poétique. J'ai dit que le contexte du signe poétique est limité, tandis que celui du signe linguistique est illimité. En revanche si le signe linguistique est illimité par rapport à son contexte, il est absolument limité par rapport à son sens: une analyse sémique bien conduite du mot de 'chaise' réussira à *épuiser*, par l'énumération et la systématisation des sèmes liés à cette chaîne de sons, le contenu du signe 'chaise'. Et inversement, si le signe poétique a un contexte limité, son contenu, à l'intérieur de ce contexte, est sinon illimité, du moins inépuisable. De ce point de vue on peut dire que le signe poétique a un statut analogue à celui de nombre des grands problèmes philosophiques, p. ex. celui de l'identité de l'homme (le problème sémantico-logique du « je »). Ce qu'on en peut dire avec une certaine acceptabilité est délimité, ou encadré, pour ainsi dire, par deux classes d'énoncés opposés qui, bien que logiquement acceptables, sont senties comme absurdes par tout homme normal; elles constituent par conséquent les bornes au-delà desquelles il est absurde de parler de l'identité du « je », mais à l'intérieur desquelles il reste possible d'engendrer des énoncés extrêmement variés, voire même contradictoires. D'une part, on ne peut pas accepter qu'un sujet parlant dise de lui-même qu'il n'est pas: il est logiquement possible, mais sémantiquement absurde de soutenir que « je » n'existe pas (« je ne suis pas moi »), c.-à-d. que « je » ne possède pas l'identité numérique (égal à lui-même à deux moments temporellement distincts, mais spatialement identiques). D'autre part on ne pourrait pas dire qu'un sujet parlant est entièrement maître de sa langue s'il se risquait à affirmer que son moi est éternellement constant: il est également logiquement possible, mais tout aussi sémantiquement absurde de soutenir que « je » existe toujours (« je suis moi » – énoncé dénué de sens parce que parfaitement tautologique), inchangé au cours d'un laps de temps suffisamment long. Telles sont les bornes absolues de tout raisonnement philosophique qui ne veut pas faire fi du système conceptuel de l'homme.

C'est en quelque sorte la même attitude qu'il faut adopter en face du signe poétique. Il est possible de soutenir qu'une métaphore comme le « gouffre saignant du cœur » (ou « le miroir de ses yeux ») peut signifier n'importe quoi, comme on peut défendre, avec quelque apparence de raison, l'idée que le gouffre de NFM XIV n'est pareil à nul autre et qu'il signifie donc ceci et cela, et rien d'autre. Cependant ces deux affirmations ne sont correctes que sur un plan purement logique; Dès que l'on essaie de les appliquer à une réalité concrète, à un corpus de textes, on s'aperçoit avec évidence qu'elles sont également absurdes. Mais voyons comment.

La 1ère proposition est la moins spécieuse. Il est vrai que tout lecteur peut avoir le sentiment intuitif que son interpretation personnelle du « gouffre » différera plus ou moins de toute interprétation antérieure et postérieure, mais, précisément, cette intuition même présuppose l'existence préalable d'un axiome plus général que l'intuition est appelée à modérer, tempérer, savoir que ma compréhension du texte est communicable et donc généralisable et qu'elle a par conséquent un statut qui me transcende. Si, me référant à un texte concret, je dis que le 'gouffre' peut signifier n'importe quoi, cet énoncé n'a de sens que comme précaution pratique, comme une réaction contre une autre intuition sémantique qui précède normalement celle dont je viens de parler et selon laquelle ma lecture me procure un savoir 'correct': de prime abord je me sens souvent convaincu que ma compréhension est identique au seul sens vrai du texte. C'est alors que, par la seconde proposition, je m'empresse de formuler certaines réserves quant à l'absolue 'correction' de ce savoir. Le choc de ces deux expériences d'un savoir entièrement relatif et d'un savoir absolument correct produit une nouvelle expérience que je peux résumer dans la proposition négative suivante: « je sais que je ne peux *pas* dire que le gouffre de Baudelaire signifie n'importe quoi ». Dès lors, il faut se demander pourquoi il serait impossible de rendre cette expérience par une proposition positive, de radicaliser donc cette pensée et d'adopter la proposition opposée à la première sur la relativité du savoir: « Le gouffre de Baudelaire signifie ceci et cela, et rien d'autre »? C'est que cette assertion, d'apparence si spécieuse, serait en réalité tout à fait contraire à mon savoir intuitif. De même que, dans un sens particulier dont je serais souvent bien empêché de préciser la portée exacte, je sais que ma compréhension n'est pas arbitraire, ainsi je peux toujours me rendre compte de la possibilité d'*ajouter* à ma compréhension (par une activité ultérieure de mes propres sens et de mes facultés intellectuelles, ou par la connaissance d'autres interprétations). Cette expérience suffit à me convaincre sans réplique que ma première intuition d'un savoir « vrai » appelle pour le moins certaines réserves. A noter que je ne considère pas ici le problème de savoir ce qui se passe quand je m'aperçois éventuellement que ma compréhension est plus ou moins 'erronnée' (c.-à-d. quand je ne peux plus accepter ma compréhension initiale comme le référé du référant 'gouffre de Baudelaire'): il s'agit là d'un processus secondaire qui présuppose une compréhension préalable du phénomène même de 'comprendre' qui, à ce niveau, ne se distingue d'ailleurs pas du phénomène de 'croire comprendre'. Par conséquent il sort de mon propos ici de me poser des questions sur la nature de ce que je peux ajouter à ma compréhension initiale; seul importe le fait de reconnaître intuitivement la possibilité même d'y ajouter. La définition exacte de cette possibilité est tout aussi difficile que celle de la limitation qu'il convient d'apporter à la première proposition sur la relativité du savoir, mais son caractère d'évidence n'est pas moins prononcé. J'en conclus donc que la proposition « le gouffre de Baudelaire signifie ceci et cela et rien d'autre » ne saurait être vraie; bien que logiquement plausible, elle est sémantiquement absurde.

Ainsi la compréhension de tout signe poétique présuppose le respect obligatoire de son *étendue*; l'analyse a pour tâche de le placer à l'intérieur de deux limites qu'on peut schématiser ainsi:

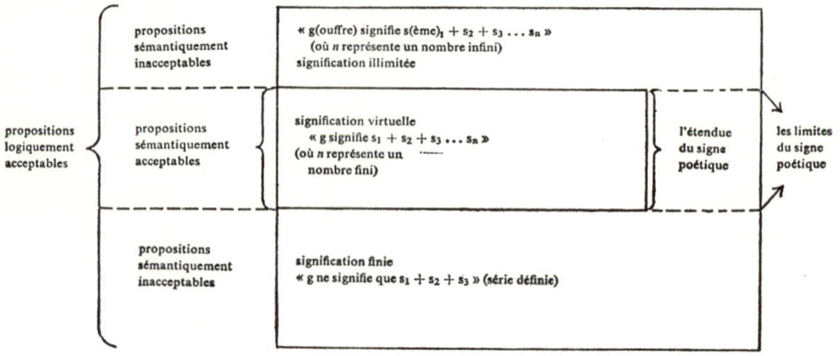

Il semble paradoxal que le signe linguistique normal, dont le contexte est illimité, ait un sens limité, tandis que le signe poétique, existant à l'intérieur d'un monde (corpus) clos, ait une étendue plus vaste. A ce propos on pourrait discuter le terme même d'étendue, car il est évident que le 'gouffre', p. ex., occupe aussi un certain champ à l'intérieur de l'espace sémantique de la langue française, champ qui se trouve circonscrit par les signes de profondeurs, abîme, précipice, etc. Dès lors, ne serait-il pas plus heureux de parler de la *variabilité* du signe poétique, puisque le propre des compréhensions particulières est de se présenter comme des variations autour de certaines constantes ? Cependant l'idée de variabilité pourrait nous faire penser que c'est le signe poétique lui-même qui varie. Or le signe reste constant; seule varie l'actualisation de son contenu. Ce qui distingue le signe poétique du signe linguistique normal n'est donc pas le fait même d'avoir une étendue, mais que l'étendue du premier puisse se manifester par l'addition de sèmes, tandis que celle du second ne peut qu'être une énumération de sèmes.

Quoi qu'il en soit, la propriété étonnante dont je viens de parler tient probablement au simple fait que le corpus du signe poétique est clos. Car il s'ensuit que le sens du signe poétique ne peut jamais se présenter comme une vérité empirique: je ne peux pas le soumettre à des conditions d'expérience appropriées pour voir si ma première compréhension était 'correcte', c.-à-d. serait capable de provoquer, chez mes interlocuteurs, les réactions sémantiques que j'ai supposées être correctes. En effet, une telle expérience ne pourrait avoir lieu qu'en dehors du corpus clos, de façon que je me retrouverais dans l'impossibilité de mesurer quelle serait la pertinence du nouveau corpus introduit par mes interlocuteurs. Comme je l'ai déjà dit p. 21, le succès de ce genre d'opération présupposerait la possibilité d'engendrer de nouveaux poèmes de Baudelaire. Par conséquent je dois me résigner à constater que je n'ai pas de critère à toute épreuve pour évaluer une compréhension divergente de la mienne. En tant que sémanticien, ma tâche doit donc consister à élaborer spéculativement la configuration du signe poétique, fournie par le contexte du corpus, et non à me prononcer sur sa signification concrète.

3. le gouffre et les deux axes spatiaux

C'est ce que je tenterai de démontrer dans mon analyse de la signification du gouffre de Baudelaire. Il n'est pas étonnant que celle-ci nous amène à examiner toute la structure spatiale des FM: comme je l'ai dit plus haut, le signe de gouffre n'a de sens intelligible que si l'on est capable de dire ce qu'il n'est pas[2]. Il est peut-être plus intéressant que cet examen aboutisse, c'est du moins ma prétention, à la constatation que c'est précisément cette charpente spatiale qui structure le message des FM en leur ensemble, et que nous serons capables de placer n'importe quel élément structural par rapport à ces forces formatrices.

Comme l'univers de tout un chacun, celui des FM est bâti sur les deux axes de l'horizontalité et de la verticalité. Or, dans l'univers poétique, ces dimensions ne sont pas seulement une condition nécessaire (mais toujours implicite) pour que des objets se matérialisent dans ma conscience; elles y apparaissent, à l'état explicite, comme expressions de contenus idéologiques (ou psychiques): la façon dont les FM structurent la verticalité, p.ex., nous en dit long sur la conception que le recueil veut fournir de la réalité humaine. On peut dire que dans un tel univers le bonheur de l'homme dépend de la question de savoir s'il se meut selon l'axe horizontal ou selon l'axe vertical ou encore s'il est en train de passer de l'un à l'autre. Pour donner une idée des concepts avec lesquels nous allons opérer, il convient de signaler rapidement la valeur sémantique de ces axes. Tout lecteur de Baudelaire saura que c'est dans le mouvement selon l'axe vertical que s'inscrit toute l'idéalité des FM et qu'ainsi le centre même de sa pensée doit être saisi par rapport à cet axe. C'est cette évidence poétique que Baudelaire a voulu traduire, sur le plan existentiel, dans le mot poignant placé au seuil de ses confessions intimes, *Mon cœur mis à nu*: « De la vaporisation et de la centralisation du *Moi*. Tout est là. »[3] La configuration spatiale de ce mouvement spirituel qui fait se tendre le ressort psychique de l'âme de Baudelaire jusqu'au point de rupture (sinon au-delà) est explicitée dans une note du même recueil, la fameuse « double postulation » (*Mon cœur mis à nu* XIX): « L'invocation à Dieu, ou spiritualité, est un désir de monter en grade; celle de Satan, ou animalité, est une joie de descendre. »

Cependant l'autre axe n'est pas moins chargé de valeur: l'horizontalité évoque dans les FM les possibilités d'échapper aux tribulations de l'existence. C'est l'axe de l'évasion. On peut dire que l'idéalité n'existe qu'en vertu de sa négation, et que le mouvement ascendant n'acquiert sa significa-

---

[2] De ce point de vue la « grammaire » poétique ne se distingue pas de la grammaire du langage normal. Comme l'a montré I. O. Revzin, une grammaire générative ne saurait être fondée sur la seule énumération d'énoncés « réels »: si elle n'enregistre pas en même temps les propositions impossibles (agrammaticales), elle ne pourra jamais aboutir à formuler les règles qui déterminent la production de tous les énoncés *possibles*.

[3] Selon Salvan 136 cette opposition serait inspirée à Baudelaire par sa traduction d'*Eureka* d'Edgar Poe.

tion qu'à cause de la facilité avec laquelle il dégénère en aplanissement. C'est à l'intérieur de cette dialectique spatiale que se creuse le gouffre des FM. Hors corpus, bien des textes témoignent de la généralisation chez Baudelaire de cette valeur de l'horizontalité; on pense en particulier aux nombreux passages qui caractérisent l'ivresse-évasion: il suffira de citer le mot fameux sur « l'ivresse de l'art, plus apte que toute autre à voiler les terreurs du gouffre. » (PPP XXVII, *Une mort héroïque*, cf. Antoine 91).

En bref, la fonction du gouffre sera d'illustrer à la fois le caractère tragique du mouvement primordial (vertical) et les possibilités qu'a l'homme des FM de passer de la verticalité (idéalité) à l'horizontalité (évasion), voire même peut-être d'échapper momentanément à cet engrenage spatial et de trouver sa vérité au fond du gouffre.

Il n'est pas sans intérêt de noter que pour Balzac aussi, dont la vision du monde s'apparente à bien des égards à celle de Baudelaire, l'abîme fut un symbole fécond. Randolph Hughes, le premier, signala en 1934 combien notre poète devait à Balzac. Dans un essai d'ailleurs inutilement agressif contre la sécheresse et le manque d'originalité de Baudelaire, Hughes établit un parallèle significatif entre le roman balzacien l'*Enfant maudit* et FM I *Bénédiction* et il montre que l'idée de la femme vampire se retrouve point pour point chez Balzac. D'une façon plus nuancée, Régis Michaud analysa quatre ans plus tard ce que la doctrine des correspondances doit au *Lys dans la vallée*. On verra plus loin que la technique compositionnelle des FM s'inspire en toute probabilité du principe balzacien du retour périodique des personnages[4]. Cependant le parallèle le plus frappant entre ces deux génies qui brisent la stabilité moniste du romantisme français reste sans doute leur utilisation du symbole du gouffre. Dans une remarquable parabole, citée par Per Nykrog (*La pensée de Balzac* 24 sq.), Balzac oppose les attitudes du savant et du fou. Celui-ci est « un homme qui voit un abîme et y tombe », tandis que celui-là « prend sa toise, mesure la distance ». La différence est donc que pour Balzac, esprit plus dialectique que notre poète, l'attitude

---

4 D'autres parallèles ont été établis par Pichois-Pommier (éd. FM, Paris 1959) 478 qui remarquent que FM LXXXVI *Paysage* s'appelait en 1857 *Paysage parisien*, ce qui est le titre d'un chapitre des *Splendeurs et misères des courtisanes*, roman paru dans le *Parisien* de 1843 (en édition 1845); et par Adam 376 qui rapproche le titre de ce poème de la *Peau de chagrin*. N'oublions pas le chapitre important de Prévost « L'influence de Balzac » (p. 33 sqq.) où le critique retrace avec beaucoup de finesse les analogies entre la *Fanfarlo* et l'œuvre balzacienne. Cf. enfin les nombreux rapports dégagés par J. Pommier (*La mystique de Baudelaire*, p.ex. pp. 29, 59, 155) en ce qui concerne la doctrine des correspondances.

opposée à celle du fou qui s'engage dans le vertige (mot employé par Balzac) de l'expérience du gouffre n'est pas celle de l'amateur des paradis artificiels qui s'évade, mais celle du savant positiviste qui affronte la sensation d'infini[5]. Cependant il est significatif que les deux penseurs éprouvent également l'insuffisance de ces deux attitudes et s'efforcent d'en trouver la synthèse:

> « Il n'y a pas un seul de nos mouvements, ni une seule de nos actions qui ne soit un abîme, où l'homme le plus sage ne paraisse laisser sa raison, et qui ne puisse fournir au savant l'occasion de prendre sa toise et d'essayer à [sic!] mesurer l'infini (...). Ici je (Balzac) serai toujours entre la toise du savant et le vertige du fou ».

4. La critique en face du gouffre baudelairien

Cette première approche du gouffre baudelairien nous montre déjà que son sens paraît se dérober dans une dialectique spatiale subtile. D'ailleurs cette particularité ne fait qu'augmenter l'intérêt de l'étude, car elle nous permettra d'approcher ce qui constitue un des traits marquants du langage poétique des FM, c.-à-d. l'ambiguïté troublante des signes importants; non qu'ils contiennent à proprement parler des sens contradictoires, mais ils recouvrent une étendue particulièrement vaste (dans le sens que je viens de donner à ce terme). C'est un phénomène auquel nous aurons souvent l'occasion de revenir au cours de notre analyse.

En tant que signe central, celui du gouffre est parmi les plus ambigus[6]. Aussi n'est-il pas étonnant que les critiques se soient souvent interrogés sur

---

[5] A noter que l'opposition fou-savant apparaît précisément dans le sonnet des *Chats*. Voir infra l'analyse de ce poème.

[6] Ambiguïté ne veut pas dire nécessairement dualité, bien que les critiques baudelairiens (p.ex. Antoine, v. infra p. 73) aient souvent fait cette identification abusive. Le signe ambigu peut s'insérer dans plus de deux champs sémantiques différents, mais il est évident que, dans la pratique poétique, le nombre dépasse rarement trois. Sinon la complexité risquerait fort de se transformer en verbiage hétéroclite. Inversement, la dualité d'un signe ne signifie pas nécessairement ambiguïté, si, partout, le sens concret à choisir reste toujours absolument défini par le contexte. Ainsi l'ambiguïté présuppose un certain *flou* sémantique. Le rapport entre ces deux qualités du signe poétique constituerait une étude intéressante pour laquelle on peut trouver quelques indications dans la fine analyse que fait Prévost 280–81 du *Guignon*. Je signale que l'ambiguïté étudiée par M.-J. Lefebre concerne la substance mythique de la poésie baudelairienne.

sa valeur – et qu'ils soient souvent arrivés à des résultats dont le manque d'homogénéité ne laisse pas de déconcerter. Un des buts de mon analyse sera de trouver un modèle de description qui permette d'intégrer les observations de mes devanciers. Il n'y a guère que trois critiques qui aient vraiment apporté du nouveau à la connaissance du gouffre baudelairien. *P. Guiraud* est sans doute celui qui a présenté l'analyse la plus solide, parue en 1958 dans Orbis Litterarum et réimprimée, sous une forme légèrement élargie en 1969[7]. Guiraud établit un concept, dont la valeur est aujourd'hui universellement reconnue, celui de *champ stylistique*; son idée est simple: on ne comprend le mot poétique qu'en le replaçant à l'intérieur de son champ sémantique tel qu'il se présente dans l'œuvre examinée. C'est la méthode même du présent travail. Il convient donc d'examiner toutes les occurrences du mot à l'intérieur du corpus, et à partir des mots avec lesquels il se révèle de la sorte possible de le combiner, on peut construire son champ stylistique, autrement dit son systéme sémantique (et les limites de sa signification).

Procédant selon cette méthode de sémanticien, P. Guiraud découvre que le mot de 'gouffre' entre dans deux systèmes. D'abord celui esquissé par le sonnet des NFM, fortement valorisé et d'une tonalité tragique (v. p.ex. Guiraud 79 sq.). Ensuite celui du thème marin, d'une tonalité euphorique; le mot n'y serait pas « valorisé » (v. infra). En gros cette analyse n'est certainement pas fausse; elle fournit même un point de départ inestimable à une analyse plus approfondie. Mais elle reste partielle, surtout parce qu'elle ne relie pas le mot aux lignes de force de la structure sémantique baudelairienne. Ainsi nous verrons p.ex. que les deux catégories de Guiraud, gouffre terrestre et gouffre marin, sont fort réelles, mais ne s'opposent nullement. En revanche, d'autres caractères du gouffre, dont Guiraud ne parle pas, seront plus difficiles à classer.

Guiraud a voulu compléter son analyse en la faisant suivre, dans la réédition de 1969, d'une étude générale sur la « Structure lexicale des Fleurs du Mal ». Plutôt qu'une synthèse réussie, cet essai dégage un grand nombre de lignes de forces de l'univers poétique des FM, mais d'une façon assez ambiguë, Guiraud me paraissant osciller entre l'attitude du sémanticien du langage véhiculaire et celle du critique littéraire. Sans établir vraiment une structure sémantique générale, il opère ainsi des rapprochements de mots, pertinents certes, mais relativement gratuits. Il est vrai qu'il esquisse un modèle général de la spatialité qu'il convient de reproduire:

[7] Les citations renvoient au texte d'Orbis Litterarum.

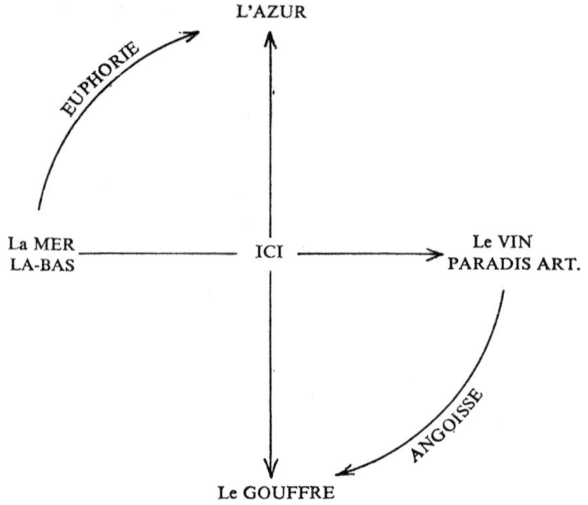

On verra qu'à plusieurs égards ce modèle, qui insiste par ailleurs à juste titre sur le caractère dynamique de l'expérience poétique (cf. les bonnes remarques dans l'œuvre citée de Guiraud p. 100)[8], rejoint les résultats de mon analyse, mais qu' il présente deux inconvénients majeurs. D'abord ce n'est pas vraiment un modèle *spatial*, reproduisant la structure du macrocosme poétique: quelle est l'opposition entre la mer et le vin? Si opposition il y a, elle est en tout cas d'une nature toute différente de celle de l'axe perpendiculaire entre l'azur et le gouffre[9]. Le premier terme (l'azur) d'une teneur plus symboliste que baudelairienne, n'est d'ailleurs pas très heureux pour caractériser le point d'aboutissement de l'axe vertical, qui serait plutôt le ciel.

---

[8] Cependant il est fâcheux que, pour figurer ces mouvements de synthèse, Guiraud adopte des arcs de cercle, c.-à-d. des fragments de la *courbe parfaite*, ayant un centre stable. Comme l'a finement noté Richard 147, Baudelaire a en horreur le cercle à cause de sa *régularité* qui l'assimile finalement à la détestable ligne droite. A cet égard, le mot final est dit par Poulet, *Cercle* 422: « Pas plus que le centre, la circonférence ne peut donc satisfaire la pensée de Baudelaire, car dans un cas comme dans l'autre, il n'y a pas possession mais seulement détermination de l'espace, non un mouvement, mais une fixation ». Un des buts de la présente analyse est précisément de montrer que la figure dominante de l'univers baudelairien est la *ligne courbe orientée*, dissymétrique en ce sens qu'elle est attirée vers la chute. Cf. infra p. 52 n. 44 et p. 72 sq.

[9] Le manque de précision du modèle explique qu'à l'improviste Guiraud. *Structures* 100 y substitue étrangement un nouveau modèle dont les quatre « points cardinaux » seraient le ciel, l'enfer, l'ici et là-bas!

Le deuxième inconvénient est d'introduire dans le schéma un *centre* personnel qui appartient en réalité à l'analyse du microcosme poétique; du point de vue spatial, l'*ici*[10] baudelairien est de nature dynamique (tout comme le gouffre), placé tantôt sur la terre, tantôt dans la mer, au ciel ou même au fond du gouffre! Ajoutons qu'on peut s'étonner que Guiraud n'utilise pas les données statistiques du vocabulaire (cf. infra).

Dès lors on comprend que *Gérald Antoine* ait voulu attirer l'attention sur quelques-unes de ces insuffisances dans un article, paru en 1962, provoqué surtout par l'essai de Jean-Pierre Richard. En tant que stylisticien averti, G. Antoine a bien vu qu'en de nombreux endroits le mot de gouffre comportait des résonances qui ne se laissaient pas réduire au système simple et séduisant de Guiraud. Selon Antoine 88 (cf. p. 93 sq.) il faudrait au moins[11] compter avec trois gouffres: aux deux de Guiraud s'ajouterait un *gouffre céleste*. Antoine n'a pas tort, car le gouffre des FM peut effectivement se creuser dans le ciel. Cependant il n'a pas raison non plus, car cet « abîme céleste » reste exactement de la même nature que le gouffre terrestre; il n'en est que l'expansion tragique, qui a lieu quand le poète s'aperçoit que le gouffre n'offre pas même l'oubli (la mort), mais qu'il se réduit en pur vertige, sentiment accablant pour l'homme, qu'il soit au ciel ou en enfer!

Le premier en date (1955), *J.-P. Richard* est celui qui a tenté le plus ambitieusement d'intégrer le concept de gouffre dans le système mental de Baudelaire. Se plaçant délibérément sur le terrain de la psychocritique, Richard propose une interprétation radicalement différente de celle de Guiraud et d'Antoine. Comme il opère avec une conception du « texte » incompatible avec la mienne, ses réflexions n'ont qu'une pertinence limitée pour mon analyse. Pour lui, il n'y a qu'un seul gouffre, et c'est un gouffre marqué par la fécondité (p. 104), donc un concept d'une valeur en principe positive, valeur liée à l'existence, au fond du gouffre, d'un principe de vie qui réconcilierait l'idée de profondeur et l'idée de feu (fécondité): « Au fond du gouffre, il y a toujours (!) pour Baudelaire un soleil qui brûle et qui regarde. » (p. 96, cf. p. 106.) Il est possible qu'un tel gouffre existe en dehors

---

10 A noter qu'aucun poème ne porte ce titre, au contraire précisément du concept de la directionalité même: NFM XII *Bien loin d'ici*; cf. PPP XLVIII *Any where out of the world*.

11 L'interprète intuitif court parfois le risque de se laisser aller à un impressionnisme facile (attitude contre laquelle P. Guiraud voulait justement réagir). Ainsi Antoine ne craint pas de parler de « gouffre de la sensation » (p. 90) ou de « gouffre artificiel » (p. 92, ɔ: celui des paradis artificiels). S'agit-il de *signes* différents ou de simples *actualisations* du même signe?

du corpus qui nous occupe ici, en particulier dans les PPP[12] et les PA – mais il est certain que tels ne sont pas les gouffres des FM[13]. Néanmoins nous verrons que la démarche de Richard nous aidera à découvrir, dans le champ sémantique du gouffre des FM, un petit espace laissé en friche par les autres commentateurs, mais important précisément en ceci qu'il montre les *bornes* du signe poétique. Néanmoins la vraie importance de l'essai de Richard réside dans son analyse des concepts baudelairiens d'expansion et de contraction: nous y reviendrons, p. 71 sqq.

5. Le sonnet du *Gouffre:* ubiquité et système spatial

Personne ne peut douter de l'importance qu'a le signe poétique du gouffre à l'intérieur des FM, puisque Baudelaire lui attribue tout un poème, intitulé précisément *Le Gouffre*[14]. On peut regarder ce texte comme une sorte de définition du signe, comparable en quelque sorte à l'explication du dictionnaire[15]. Cela étant, il convient de parcourir cet « article », avant d'aborder les occurrences où le signe occupe une place plus modeste dans le contexte. Le premier trait saillant de cette définition du gouffre est son *ubiquité*: il peut s'ouvrir dans toutes les sphères humaines parce qu'il suit l'homme partout, comme une ombre: que l'action se mue en désir ou le rêve en parole (disposition chiastique, vv. 2–3), jamais le précipice ne se ferme sous les pieds de l'homme. La deuxième strophe, quelque peu énigmatique, développe l'idée d'ubiquité. Il faut naturellement lire les v. 5–6 comme une sorte de définition ou, mieux, d'explicitation de l'ubiquité, mais s'il est clair que « En haut, en bas, partout » précise qu'en tout point de l'axe vertical

---

12 Le passage important est tiré de PPP XXXVI *Le Désir de peindre*: « Ses yeux (de l'amante) sont deux antres où scintille vaguement le mystère, et son regard illumine comme l'éclair: c'est une explosion dans les ténèbres. Je la comparerais à un soleil noir, si l'on pouvait concevoir un astre noir versant la lumière et le bonheur. »

13 Dès 1957 la critique mordante de Jean Pommier 552 a dévoilé l'inanité de cette analyse de J.- P. Richard

14 Cf. Rolf Vige, in: Charles Baudelaire og den skapende fantasi, p. 109: « Le « gouffre » (lié à la « chute ») est sans doute le plus grand des thèmes symboliques de Baudelaire, voire même l'archétype baudelairien. » Sur l'étrange contraste entre la faible importance numérique et la fonction structurelle capitale v. infra p. 44.

15 « (. . .) *tout* est dit dans « Le Gouffre » (. . .) »: Antoine 88. Beaucoup des poèmes de Baudelaire se présentent ainsi comme des définitions d'un signe poétique nommé par le titre dont le statut s'apparente alors à celui des mots index d'un dictionnaire. V. p.ex. *La Chevelure*, *La Beauté*, *Le Masque*, *L'Horloge*, *Elévation*, *Spleen* (il est significatif que, sous ce titre, Baudelaire groupe trois définitions apparentées), etc.

peut s'ouvrir l'abîme, on voit mal le système spatial suggéré par les quatre mots suivants: 'profondeur', 'grève', 'silence', 'espace'. Si on les interprète comme un nouveau développement de « partout », on s'attendrait à des termes appartenant à l'axe horizontal, auquel seule la grève pourrait se référer. En plus, que vient faire le silence dans cette énumération cosmique?

Il serait possible d'éclairer ce terme par l'analyse de PD III *Incompatibilité* (texte datant de la jeunesse de Baudelaire[16]) v. 17–20: « Sous mes pieds, sur ma tête et partout le silence/ Le silence qui fait qu'on voudrait se sauver/ Le silence éternel et la montagne immense,/ Car l'air est immobile et tout semble rêver. » On pourrait peut-être interpréter ainsi: 1) la profondeur = le dessous de la terre, 2) la terre = la surface de la terre (la grève s'expliquerait alors par les exigences de la rime), 3) le silence = le dessus de la terre, c.-à-d. l'espace? Il serait tentant, il est vrai, de voir dans 'grève' une allusion au gouffre marin, mais l'élément liquide est totalement absent du texte. Ainsi la solution correcte serait probablement d'inscrire 'grève' dans le champ sémantique de la terre, selon le schéma esquissé p.ex. par FM CXXVI *Le Voyage* 57–58:

> « . . . Nous avons vu des astres
> Et des flots; nous avons vu des sables aussi; »

En effet, Baudelaire organise souvent son cosmos selon un principe ternaire qui peut interférer d'une façon compliquée avec le binarisme fondamental des deux axes spatiaux: ciel (astres) – terre (sables) – mer (flots). Dans ce schéma, c'est la mer qui représente la profondeur, puisqu'à tout moment on peut y plonger. Mais en même temps elle est aussi surface comme la terre . . . Cette ambiguïté est exploitée p.ex. dans *La Chevelure*, et nous y reviendrons à propos du « gouffre marin »[17]. Dans le texte du *Voyage* les « sables » représentent indubitablement la terre, ils sont donc « secs » (cf. les sables désertiques des FM LXVI *Les Chats*), comme le serait aussi la grève du *Gouffre*! Cependant, si l'on peut affirmer que, dans notre corpus, la grève n'est décidément jamais un prolongement de la mer, sa qualité terrestre n'est pas toujours évidente. V.p.ex. FM LXXXII *Horreur sympathique* 9–10.

> « Cieux déchirés comme des grèves
> En vous se mire mon orgueil . . . »

---

[16] Ecrit selon Adam 463 peu après 1837. D'après F. W. Leakey. *Baudelaire and Nature* 6, la composition remonterait à août–septembre 1838.

[17] V. p. 57 sqq.

L'image sous-jacente à cette comparaison n'est cependant pas le ciel assimilé à la mer, mais le ciel vu comme le « reflet de l'Enfer » (vv. 13–14). En revanche NFM VII *La Voix* 11 associe nettement le « vent des grèves » à l'idée d'évasion, donc à la fuite marine. Dans FM X *L'Ennemi* 10, enfin, le mot se présente comme une simple figure, avec le sens ordinaire (= plage). « . . . ce sol lavé comme une grève »; il n'est toutefois pas sans intérêt qu'ici l'objet primaire soit la terre: la grève est une qualité de la terre, mais une qualité marine, si l'on veut – nouvel exemple de la subtile ambiguïté baudelairienne.

D'autre part, si l'on pense que dans *Incompatibilité* le silence caractérise aussi le lac de montagne et le ciel: « On dirait que le ciel, en cette solitude, se contemple dans l'onde » (v. 21–22, cf. v. 26 « le lac silencieux »), on pourrait penser à une interprétation binaire (au lieu de ternaire selon le système d'un Antoine): la profondeur et la grève seraient alors des exemplifications, des concrétisations, de 'en haut, en bas' (disposition chiastique) et le sens serait: « partout, que ce soit dans la profondeur ou sur la grève, on trouve le silence, ɔ: l'espace affreux et captivant. » 'Espace' serait donc le terme générique, embrassant tout le système. Enfin on pourrait penser à une explication historique de ce manque de clarté, puisque l'embarrassant 'silence' pourrait être provoqué par le célèbre mot de Pascal, auquel Baudelaire fait sans aucun doute allusion dans ce passage et qui combine précisément espace, terreur et silence.

Cette petite analyse nous permet déjà d'établir provisoirement les deux modèles spatiaux fondamentaux dont la coexistence explique l'intense tension qui caractérise le cosmos baudelairien, déchiré entre une réalité dualiste et un rêve mystique d'unité:

modèle binaire (dualiste)

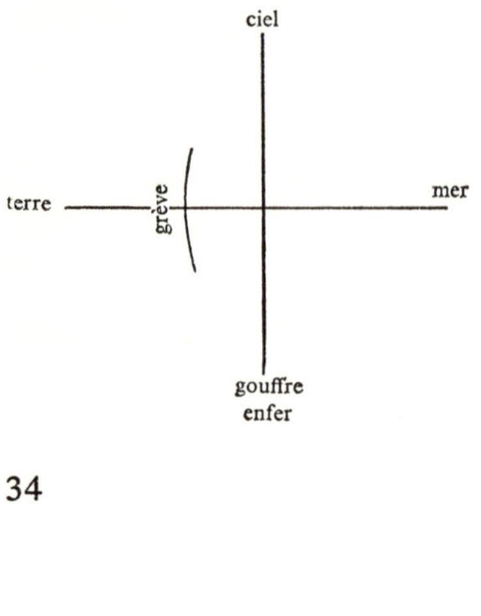

modèle ternaire (synthétique)

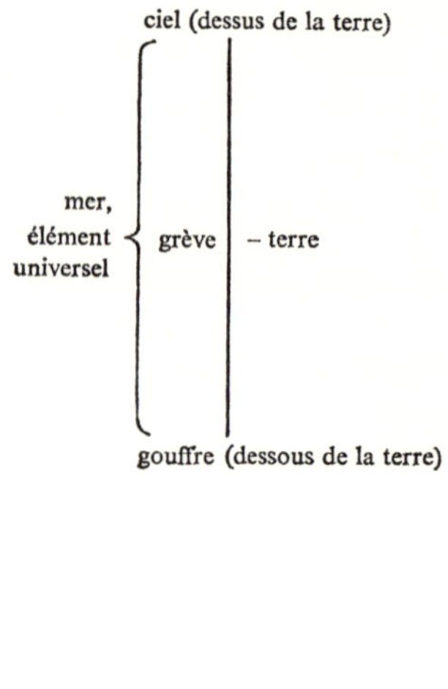

L'une des tâches de mon analyse sera précisément de montrer comment les signes se réfèrent aux deux modèles à la fois et comment ces interférences créent la *dynamique* spatiale qui forme l'essence du cosmos des FM, mais qui n'apparaît pas dans le sonnet, puisque celui-ci enregistre principalement le désespoir engendré par l'omniprésence du modèle binaire à forte négativité, comme nous allons le voir dans un instant.

La troisième strophe précise les formes qu'adopte le gouffre dans les deux états humains fondamentaux esquissés dans la première strophe: le trou du rêve (désir), v. 9, et l'infini de la vue-action[18], v. 11. Ainsi l'homme a deux sphères d'existence: l'action et le rêve (cf. Antoine 89), bipartition correspondant à celle de l'univers poétique en macrocosme et microcosme (v. p. 43 et 66 sqq.); mais dans quelque sphère qu'il s'engage, il est aussitôt aspiré par le *vertige* (v. 12).

Ce qu'il y a de particulièrement remarquable dans l'ubiquité, c'est que le gouffre peut s'ouvrir même « en haut », dans le ciel p. ex. La ligne ascendante de l'idéal tout d'un coup se convertit en chute, mouvement illustré par bien des poèmes baudelairiens. Le ciel se creuse (au lieu de se bomber) et à la place de la figure convexe qui symbolise l'aspiration vers Dieu:

nous voyons apparaître la figure concave de la dépression (chute ou « spleen »):

. Impossible ici de ne pas citer les merveilleux vers de FM XLVI *L'Aube spirituelle*, 5–7:

> « Des Cieux Spirituels l'inaccessible azur,
> Pour l'homme terrassé qui rêve encore et souffre,
> S'ouvre et s'enfonce avec l'attirance du gouffre. »

De même, les voyageurs spleenétiques du dernier poème des FM (CXXVI *Le Voyage* 63–64[19]) veulent « plonger dans un ciel au reflet alléchant. » Dans quelque direction que l'homme s'oriente, il est donc saisi par le *vertige*, notion valorisée à son tour par le mot capital de *peur*[20].

---

18 La parole semble peu chargée de valeur dans le texte qui est surtout marqué par son contraire: le silence (v. 8).

19 Cf. encore NFM XV *Les Plaintes d'un Icare* vv. 9–16.

20 Il est intéressant que cette symbolique spatiale se retrouve chez *Flaubert*, comme me l'a signalé M. Per Nykrog. On sait que Baudelaire avait été vivement intéressé par la *Tentation de Saint Antoine* (v. Feuillerat 116 note et le passage final de l'essai sur *Madame Bovary*, où de façon significative Baudelaire exalte la *Tentation* par l'alliance

Dès 1844 nous trouvons ce système sémantique pleinement constitué: l'homme aspiré par l'abîme, pris par un vertige qui provoque en lui une peur panique. Cf. Epaves II *Sur Le Tasse en prison d'Eugène Delacroix* 1–4:

« Le poète au cachot, débraillé, maladif,
Roulant un manuscrit sous son pied convulsif,
Mesure d'un regard que la terreur enflamme
L'escalier de vertige où s'abîme son âme. »

Le *vent* de la peur, c'est le vertige qui entraîne inexorablement l'homme vers sa perte (cf. PC III *A celle qui est trop gaie* 33–36: « Et, vertigineuse douceur! (. . .) T'infuser mon venin, ma sœur! ») selon le mouvement décrit de façon saisissante dans FM XLVIII *Le Flacon* 13–16.

Il est caractéristique que le *vent* ne devienne un élément pleinement significatif qu'associé aux signes de 'sommet' ou de 'gouffre'. De nombreux exemples attestent cette valeur du vent porteur du tourment existentiel, moins brise horizontale que tourbillon vertical. Ainsi, les victimes de PC V *Femmes Damnées* 88 plongent dans le gouffre où tous les crimes sont « Flagellés par un vent qui ne vient pas du ciel. » (cf. ibid. v. 99 « le vent furieux de la concupiscence »). Ajoutons que 'vent' se combine volontiers avec le verbe 'tourmenter': FM CV *Le Vin des chiffonniers* 2 et FM XCV *Le Crépuscule du soir* 14. J'ai trouvé une seule exception PC III *A celle qui est trop gaie* 4; peut-être serait-il possible de l'expliquer comme un élément de la nature, simple décor qui ne fonctionne pas comme signe poétique. Cette interprétation semble appuyée par le fait que le mot apparaît dans une comparaison: « Le rire joue en ton visage/ Comme un vent frais dans un ciel clair. »

Comme les autres signes, nous le verrons, le vent peut devenir un

---

qu'elle présente d'ironie et de lyrisme (Club 1017)); il possédait même un tableau représentant Saint Antoine tenté dans sa solitude par le démon. Or, dans la scène VI de la *Tentation* (Pléiade I 142 sqq.), Flaubert nous montre l'hermite soulevé dans le ciel, suspendu aux cornes du démon. D'abord il est enflammé par la sensation de l'infini, s'écriant: « Ah! plus haut! plus haut! toujours! » (p. 144); mais il ne tarde pas à reconnaître le caractère infernal de cette élévation: « Assez! assez! J'ai peur! je vais tomber dans l'abîme. » (p. 145), élévation qui le conduira, par delà la lumière céleste exaltante, aux ténèbres de l'immensité et à l'horreur du néant: « Je roule dans l'immensité des ténèbres. Elles entrent en moi. Ma conscience éclate sous cette dilation du néant! » (p. 147–48). Feuillerat 275 développe d'ailleurs cette analogie en nous invitant à voir toute la partie intitulée *Fleurs du Mal* comme une nouvelle *Tentation de Saint Antoine* à laquelle FM CXI *Femmes damnées* 11–12 fait justement allusion.

élément purement *pittoresque*, c.-à-d. n'ayant de signification qu'à travers toute la situation dont il constitue un des éléments extérieurs, tout comme les éléments spatiaux de la fiction romanesque[21]. V. p. ex. PC VI *Les métamorphoses du vampire* 28. Ajoutons enfin qu'il existe aussi un vent *positif*, mais qui apparaît alors justement sous une forme indirecte, transposée p. ex. par la mythologie (« aquilon »). Cf. infra p. 56 n 54.

Dans la façon dont il présente le gouffre existentiel, Baudelaire se souvient naturellement de Pascal, mais cette petite cosmologie de l'abîme s'ouvrant dans les sommets, exerçant un pouvoir d'attraction magique par le sentiment du vertige renforcé par le vent des altitudes, peut surtout être éclairée, comme le modèle spatial général (v. p. 21) par le poème de jeunesse, *Incompatibilité*, PD III, dans lequel le futur poète décrit un paysage alpin selon un schéma tout « physique », qui trouvera plus tard sa pleine valeur symbolique, mais se réduit ici à une sorte d'étude psychologique de l'alpiniste[22]. Baudelaire y identifie l'abîme suggéré par les pics avec celui du lac enfoncé dans les montagnes (v. 5) et présente le vertige comme un sentiment inséparable de l'altitude qui convertit fatalement l'ascension en conscience de l'abîme (v. 15); le vent (v. 13) paraît emporter toutes les valeurs sûres de l'existence, préfigurant ainsi le concept de la fuite du temps. Nous verrons plus loin le rôle capital que joue ce concept dans le système sémantique du gouffre. Signalons enfin qu'en tant que signe important 'vertige' participe naturellement de l'ambiguïté fondamentale du signe baudelairien. Ainsi NFM II *L'Examen de minuit* 25–26 fait voir que, comme le gouffre, le vertige peut s'allier à l'horizontalité, se rapprochant par là des valeurs faussement positives de l'évasion; de façon très claire, le poème oppose le vertige de l'ivresse, de nature horizontale, au vertige existentiel (et vertical) menant à la mort: « l'ivresse des choses funèbres » (v. 29).

---

21 Sur ce problème du pittoresque v. p. 48 sqq.

22 La sensibilité de ce texte reste encore tout imprégnée de romantisme, particulièrement proche de celle d'un Lamartine. V. *Jocelyn*, Deuxième époque, Grotte des Aigles, 18 avril 1973:

« Là le gouffre tonnant où le glacier se verse,
Et qu'à travers la mort le pont de roc traverse;
Ici ces pics glacés, qui ne fondent jamais,
L'entourent à demi de leurs neigeux sommets;
Et plus bas, à l'endroit où son lit qui serpente
Semble au penchant des monts vouloir unir sa pente,
Le rocher tout à coup l'arrête et le retient;
Et d'un escarpement dans les airs le soutient [. . .] »

6. Unidirectionalité du gouffre

Cette qualité vertigineuse inhérente au gouffre explique que le texte insiste tant sur l'*unidirectionalité* du gouffre. Il n'est guère étonnant qu'en termes de mouvement la figure du gouffre soit la suivante:

mais il est remarquable au plus haut point qu'en vertu de la force universelle du vertige, ce mouvement soit capable d'infléchir même la ligne droite de l'horizontalité. Le monde du poème connaît la dimension horizontale (Cf. v. 1 « avec lui se mouvant » et les différentes activités des v. 2–3), mais partout nous retrouvons la même figure dynamique, l'aspiration vers l'abîme, figure menaçante, parce qu'infinie (v. 11)[23]. Soulignons dès maintenant que, dans ce texte dépouillé et désespéré, l'horizontalité apparaît presque dénuée de sa positivité en tant que dimension de l'évasion; elle est pour ainsi dire réduite à la pure valeur de dimension existentielle. C'est pourquoi son manque de stabilité y est particulièrement apparent. Elle prend la valeur d'axe temporel, figurant une successivité sans cesse menacée par la rupture que provoque la conscience de l'infini, puisque celle-ci ôte à la succession tout sens existentiel. C'est ainsi que souvent dans les FM l'écoulement de la vie, tout comme le déroulement du temps, prend la forme d'un vide qui se creuse à l'infini: la mort apparaît en quelque sorte sous la figure d'une transformation spatiale; c'est toujours la ligne horizontale de la successivité qui se transforme en ligne descendante, se rapprochant vite d'une verticale, entraînant la conscience vers son anéantissement:

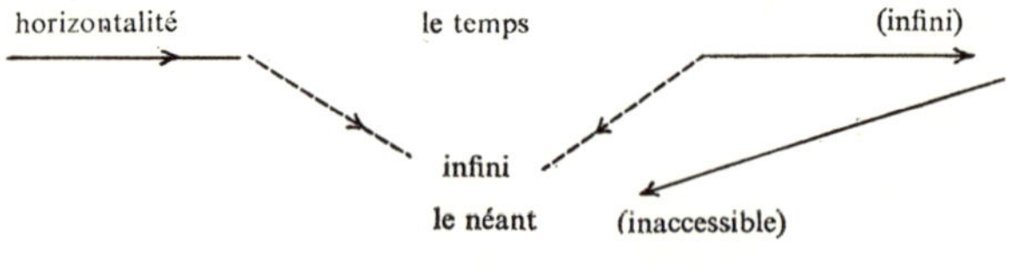

[23] Ainsi l'homme de Baudelaire se distingue radicalement de l'homme pascalien, placé entre l'infiniment grand (les cieux, le cosmos) et l'infiniment petit (le ciron, le microcosme). Celui de Baudelaire n'est même pas un point intermédiaire, il n'est qu'un atome indéfiniment mu par le même mouvement d'oppression.

A la lumière de cette analyse on peut s'étonner que les critiques aient vu un problème d'interprétation au v. 14. J.-P. Richard 133 va jusqu'à s'écrier: « Le dernier vers du *Gouffre*, si ambigu et toujours discuté ». Il est vrai qu'isolée de son contexte, l'exclamation a grammaticalement deux sens: 'pourvu que je ne sorte jamais . . .' (souhait assez positif); 'dire qu'il est impossible de sortir . . .' (exclamation désespérée, constatation négative). Mais il me semble indiscutable, voire évident (et je suis ici d'accord avec le commentateur le plus récent de Baudelaire, Antoine Adam, éd. FM (1961) p. 448), que, dans le contexte du sonnet, seule la dernière explication est valable. Il est donc tout à fait inutile de s'appuyer sur des textes non poétiques pour dissiper le 'doute'. Mais naturellement le passage bien connu des journaux intimes ne ferait qu'assurer encore davantage – si besoin était – mon interprétation comme étant la seule possible:

> « Au moral comme au physique, j'ai toujours eu la sensation du gouffre, non seulement du gouffre du sommeil, mais du gouffre de l'action, du rêve, du souvenir, du regret, du remords, du beau, du nombre, etc. J'ai cultivé mon hystérie avec jouissance et terreur. Maintenant j'ai toujours le vertige, et aujourd'hui janvier 1862 j'ai subi un singulier avertissement, j'ai senti passer sur moi le vent de l'aile de l'imbécillité. » (*Mon cœur mis à nu* XLIX, Club 1440).

Un seul élément échappe au sentiment de vertige: le néant (v. 13). Or, les « nombres » et les « êtres » constituent proprement le contraire du néant, puisqu'ils définissent scientifiquement le monde perçu par les sens. Par conséquent, le poète ne peut pas souhaiter rester dans cet univers des nombres et des êtres, univers qui est précisément celui du gouffre. La fin généralise évidemment l'idée centrale (selon la vieille règle de la 'pointe' du sonnet): l'infini du monde se manifeste dans l'infini de la série des chiffres et des organismes vivants. Ainsi l'infini, loin d'élever l'homme vers Dieu, l'entraîne vers le vertige qui, à son tour, le précipite dans l'abîme. Soulignons que l'infini apparaît ainsi comme une valeur univoque négative – autre différence marquée avec Pascal.

En résumé, l'homme du Gouffre peut se mouvoir selon les deux axes; il nous semble naturel que son élévation se termine en chute, mais nous constatons que ce mouvement vaut aussi pour l'autre axe, puisqu'à tout moment l'horizontalité peut s'infléchir, le terrain céder et la chute recommencer. Par conséquent, je pense que nous pouvons illustrer la forme du signe poétique du gouffre, en combinant ses deux traits essentiels, l'ubiquité et l'unidirectionalité par la figure suivante:

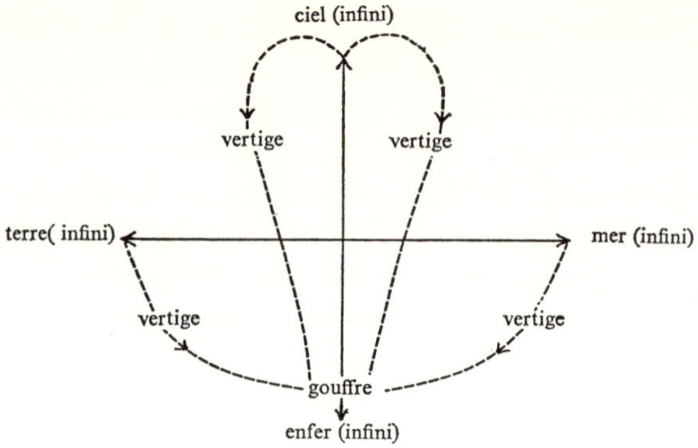

7. L'étendue sémantique du gouffre et la discontinuité de l'élévation

A partir de cette figure, que l'on peut regarder comme une première définition sémantique du gouffre baudelairien, nous allons passer en revue les diverses acceptions concrètes qu'admet ce signe poétique dans les FM.

En principe, la définition donnée par le sonnet vaut pour tout le corpus et circonscrit ce que je nommerai – peut-être avec trop de désinvolture – le véritable gouffre de Baudelaire. Cependant il importe de souligner que cette définition du gouffre représente – comme toute définition – une abstraction (et partant une réduction), précisément parce que Baudelaire n'y parle guère que de la dimension propre de la chute, la verticalité. Or, comme je l'ai noté, l'univers des FM est également structuré par les *deux* dimensions. Par conséquent, il est inévitable que le concept voie sa valeur se modifier au fur et à mesure qu'il s'insère *aussi* dans l'horizontalité. C'est ainsi que la grande force d'évasion contenue dans cet axe atténuera parfois sensiblement la coloration désespérée propre au gouffre. Le tout est de savoir quelle sera l'ampleur de cette « contamination de sens ». Cependant les constatations que l'analyse provisoire nous a permis de faire suffisent déjà pour, à titre d'hypothèse, inscrire le gouffre dans le schéma mesurant l'étendue du signe poétique:

1. le gouffre élévation

les limites du signe	2. le « vrai » gouffre 3. le gouffre évasion (oubli)	l'étendue du signe

4. le gouffre délivrance (issue)

Au-dessus et au dessous de la ligne figurent les sens que le gouffre ne peut pas avoir. Bien entendu, le mouvement ascendant est essentiel dans l'univers des FM et il faut donner raison à Blin (*Sadisme* 133), qui démontre l'importance de ce mouvement, contre Sartre, pour qui Baudelaire «aurait horreur de monter en plein ciel, en laissant au-dessous de lui les biens de la terre. » Laissons de côté l'homme Charles Baudelaire tel que Sartre veut le reconstruire, et constatons que cette horreur n'existe pas dans les FM. Tout au contraire, on y voit un désir constant de s'élever et d'atteindre l'idéal céleste[24]. Cependant le caractère le plus significatif de l'élévation des FM est sa *discontinuité*: elle n'atteint jamais l'idéal, n'aboutit jamais à un point culminant et ne revêt donc jamais l'apparence d'un gouffre inversé. A un point donné de son mouvement, l'élévation se brise toujours, aspirée de nouveau par l'attraction du gouffre qui en est pour ainsi dire l'antonyme.

Ce mouvement double est clairement figuré par le signe du *jet d'eau* qui s'élance vers le ciel pour retomber dans le gouffre, voir le poème-définition NFM IX *Le Jet d'eau* (dont le refrain est déjà on ne peut plus explicite), en particulier les vv. 15–22:

Ainsi ton âme qu'incendie
L'éclair brûlant des voluptés
S'élance, rapide et hardie,
Vers les vastes cieux enchantés.
Puis, elle s'épanche, mourante,
En un flot de triste langueur,
Qui par une invisible pente
Descend jusqu'au fond de mon cœur[25].

Le double mouvement est repris dans un autre emblème dont l'inspiration est encore plus clairement baroque: la *bulle*[26] (v. FM CXVII *L'Amour et le crâne*, 5–11), qui monte « . . . dans l'air,/ Comme pour rejoindre les mondes / Au fond de l'éther », mais dont le destin est évidemment de crever en route. Normalement l'élévation précède la chute (v. encore NFM XV *Les Plaintes*

---

24 Cf. le passage de l'*Art Romantique* cité par Blin. *Sadisme* 133 n. 4: « Tout l'être intérieur s'élance en l'air par trop de légèreté et de dilatation, comme pour atteindre une région plus haute. »

25 Le double mouvement du jet d'eau se présente aussi sous la forme de la cascade, v. FM CII *Rêve parisien* 15–16 et 34–36; PC IV *Lesbos* 7.

26 Cf. Jean Rousset, *La littérature de l'âge baroque en France*, Paris (1954) 138 qui cite le beau poème de Crashaw sur la bulle de savon.

d'un Icare 9–16), mais il arrive que l'ordre soit inversé, comme dans la fin de FM CIV *L'Ame du vin* 21–24:

> En toi je tomberai, végétale ambroisie,
> Grain précieux jeté par l'éternel Semeur,
> Pour que de notre amour naisse la poésie
> Qui jaillira vers Dieu comme une rare fleur.

Ici il semble possible de sortir du gouffre et d'atteindre le but de l'élévation – mais, précisément, le contexte est truqué, car il s'agit d'une élévation factice, provoquée par l'ivresse-évasion dont le lieu sémantique est en réalité l'horizontalité!

Le gouffre-salut, c.-à-d. le gouffre qui présente une porte d'issue, marque ainsi, à l'autre extrémité de l'échelle verticale, ce que le gouffre des FM ne peut pas signifier. Cependant il faut avouer que les profondeurs offrent moins de clarté que les cieux et il nous faudra examiner en détail[27] quel est le sens de cette « interdiction de sortie ».

8. Les champs sémantiques du gouffre: le vocabulaire

Les divers emprunts que je viens de faire à d'autres poèmes pour dégager les significations fondamentales du *Gouffre* font apparaître la nécessité où l'on est désormais, pour en approfondir l'analyse, d'élargir nos perspectives et d'étudier l'ensemble des autres signes avec lesquels le gouffre entretient des relations. Afin de constituer un cadre à cet examen détaillé, je pense utile d'esquisser rapidement l'organisation fondamentale du vocabulaire baudelairien, en particulier celle de la classe des substantifs, classe privilégiée des signes poétiques.

On peut diviser les substantifs des FM en 4 classes fréquentielles:

I. au-dessus de 100 occurrences:	1. œil (143)
	2. cœur (142)
II. au-dessus de 50:	3. ciel (82)
	4. âme (70)
	5. soleil (60)
	6. nuit (59)
	7. amour (58)

[27] V. p. 64 sqq.

III. au-dessus de 30: .... 8. ange (46)
9. beauté (45)
10. soir (44)
11. corps (42)
12. mer (39)
13. esprit (38)
14. fleur (36)
15. gouffre (23)
+ abîme (12) = (35)
16. femme (34)
17. fond (34)
18. parfum (33)
19. douleur (32)
20. jour (32)
21. dieu (31)
22. enfant (30).

IV. au-dessous de 30 occ.: ..... (tous les autres).

On voit facilement que les deux premières classes sont d'ordre cosmologique: la première fixe les traits essentiels du microcosme baudelairien dont le centre est le cœur, et qui peut communiquer avec le macrocosme par l'intermédiaire de l'œil[28]; la deuxième présente 'grosso modo' les constituantes du macrocosme: ciel – soleil – nuit (on s'étonne de l'absence de la terre qui n'apparaît même pas dans le 3e groupe où figurent pourtant et la mer et le gouffre-abîme); 'âme' et 'amour' se rattachent pourtant au microcosme dont il faut peut-être considérer qu'ils représentent des éléments secondaires. Enfin la troisième classe réunit surtout des éléments secondaires du macrocosme – dont le gouffre. Nous constatons donc l'absence de correspondance étroite entre la fréquence absolue et l'importance sémantique: un substantif très fréquent a toujours une place considérable dans un système sémantique lyrique, mais l'inverse n'est pas vrai[29]. En effet, tout prouve (et, entre autres, le présent essai, j'espère!) quelle place capitale est celle du gouffre; malgré sa fréquence relativement modeste, il s'impose comme un signe fondamental par le *nombre de relations* qu'il entretient avec d'autres mots clefs des FM.

---

28 Cette constatation se révèlera d'une importance capitale pour la bonne intelligence du système cosmique complet des FM. Voir infra p. 66 sqq.

29 Cf. p.ex. le signe clef du *voyage* dont la faible extension numérique (6 occurrences!) contraste d'une façon encore plus marquée que celle du gouffre avec son importance sémantique.

Aussi l'analyse de toutes les notions fondamentales du recueil présuppose-t-elle la connaissance de la signification du gouffre.

Finalement l'analyse fréquentielle du signe nous réaffirme l'importance du concept de l'*étendue* du signe poétique: pour évaluer la place qu'il occupe à l'intérieur d'un système sémantique, il ne suffit pas d'en connaître la fréquence absolue (le nombre d'occurrences), mais il faut aussi enregistrer le nombre de champs sémantiques, l'étendue pour ainsi dire, dans lesquels il peut apparaître (c.-à-d. la « répartition » ou « range » des statisticiens du vocabulaire)[30].

Il serait possible de faire passer 'gouffre' de la troisième à seconde classe à condition de l'accoupler avec 'fond', (comme déjà notre sonnet (v. 7) nous autoriserait à le faire), ce qui donnerait un total de 70 occurrences. Mais les deux termes ne sont pas entièrement synonymes, surtout parce que le mouvement descendant, sème essentiel du 'gouffre', manque entièrement à 'fond', mot évoquant avant tout une profondeur statique, comme c'est d'ailleurs précisément le cas dans le sonnet. En outre la plupart des occurrences de 'fond' sont à écarter de cet inventaire des signes poétiques, puisqu'elles proviennent de la locution prépositionnelle « au fond de » (21 occurr.); cette formule joue son rôle dans le système sémantique, mais il est évident que 'fond' n'y a pas la valeur pleine d'un signe poétique, tel qu'on le trouve, p. ex. dans FM LI *Le Chat* 9–10 « Cette voix qui parle et qui filtre/Dans mon fonds (var.: fond) le plus ténébreux ».

9. Un problème de synonymie poétique: gouffre et abîme

Le problème numérique posé par la fréquence modeste du gouffre est d'autant plus aigu que 'gouffre' n'accède à la catégorie des substantifs numériquement significatifs (les trois premières classes) que grâce à un « accouplement » ('gouffre-abîme') similaire à celui que je viens de rejeter et dont le bien-fondé théorique est pour le moins discutable.

Il est curieux que l'étude de notre signe nous rappelle de la sorte que le problème de la synonymie n'est pas moindre en poétique qu'en linguistique:

---

30 Si l'on soumettait le mot de 'gouffre' au test imaginé par P. Guiraud concernant les *mots thèmes* et les *mots clefs* (les premiers étant des mots qui présentent un nombre d'occurrences notable, les seconds, des mots qui occupent une place particulièrement importante dans le système individuel parce qu'ils y apparaissent avec une fréquence hautement significative, de beaucoup supérieure à celle avec laquelle ils figurent dans le français fondamental – enregistré p. ex. par Van der Beke –), il est tout à fait certain que 'gouffre' se classerait dans la catégorie des *mots clefs*.

est-il possible que deux mots recouvrent exactement le même signe poétique? Dans le langage ordinaire 'gouffre' et 'abîme', bien que très rapprochés, ne s'étendent certainement pas sur le même champ sémantique; ainsi dans la phrase de Buffon « Ces gouffres (de la mer) qui semblent attirer les vaisseaux pour les engloutir » on ne peut pas substituer gouffre par abîme; non plus que, en sens inverse, dans la proposition: « Pierre est un abîme de science. »[31] Or, je ne vois pas qu'en un seul passage 'abîme' se distingue de 'gouffre' dans les FM! Partout les deux sont substituables et, si l'on examine toutes les occurrences des mots dans notre corpus, on constatera que le système d''abîme' est rigoureusement identique à celui de 'gouffre'. Par conséquent ils représentent bien le même signe et il faut les traiter comme un seul 'mot poétique'. D'ailleurs cette synonymie est déjà attestée par le sonnet vv. 1–2, où le poète passe de gouffre à abîme sans l'ombre d'une nuance de sens, donc pour la seule variation[32]. J'avoue que le phénomène m'étonne et peut-être une connaissance plus approfondie de l'univers imaginaire des FM permettra-t-elle d'apercevoir une différenciation. Signalons (à titre indicatif pour des recherches ultérieures) qu''abîme' ne semble pas utilisé dans des contextes évoquant le gouffre marin[33] et que les épithètes accordées aux deux mots ne concordent pas entièrement.

10. Les épithètes des FM

L'une des voies qu'on pourrait emprunter pour élucider ce problème de synonymie serait justement d'examiner la *classe des adjectifs* afin de constater si les deux mots peuvent se distinguer grâce aux qualités qui leur sont conférées. Les épithètes des FM forment une classe nombreuse, mais nettement moins importante que celle des substantifs (1.910 noms, 912 adjectifs). Elle est surtout moins clairement structurée du fait que très peu d'épithètes passent le seuil de 30 occurrences:

1. beau (81 occ.)
2. grand (75)
3. plein (67)

---

[31] Dans le langage ordinaire 'gouffre' semble ainsi lié à une force plus grande d'attraction, d'engloutissement.

[32] La même variation attestant une synonymie apparemment complète se trouve dans FM XXI *Hymne à la Beauté* 1 et 9.

[33] Trait conforme à l'usage ordinaire où 'abîme' ne reçoit le sens de 'cavité marine' que dans des contextes particuliers. V. le *Trésor de la langue française*.

4. noir (65)
5. vieux (63)
6. doux (44)
7. profond (37)
8. long (34)

Avec un peu de bonne volonté on pourrait retrouver dans cette distribution une ressemblance avec les 4 classes numériques des substantifs (v. supra p. 30), mais il est patent que la classe des mots ayant une fréquence tout à fait exceptionnelle n'existe pas:

1. épithètes ayant plus de 60 occ.:
   beau – grand – plein – noir – vieux
2. épithètes ayant plus de 30 occ.:
   doux – profond – long.
3. toutes les autres.

Autre fait surprenant chez ce poète de l'ambiguïté, la prépondérance des épithètes positives parmi ces épithètes relativement fréquentes:

positif	ambigu	négatif	
beau grand plein	÷	noir vieux	
			60 occ.
doux long	profond	÷	
			30 occ.

Si, à la lumière de cette esquisse du système des épithètes, nous considérons les qualifications dont peuvent s'accompagner 'gouffre' et 'abîme', nous constatons, là encore, qu'elles se répartissent en trois classes principales: 1a) '*noir*', caractère commun aux deux mots (*gouffre*: noir (FM XXI *Hymne à la Beauté* 9), obscur (FM XXX *De profundis clamavi* 2), obscurci (FM XLVIII *Le Flacon* 16); *abîme*: noir (NFM VII *La Voix* 17)); 1b) '*profond*', trait évidemment très rapproché du précédent et également commun (*gouffre*: au fond du gouffre (FM CXXVI *Le Voyage* 143), au plus profond du gouffre (PC V *Femmes damnées* 87), les gouffres sans fonds (PC IV *Lesbos* 7); *abîme*: profond (FM XXXIX 9 et FM XVIII *L'Idéal* 9), le fond de tes abîmes (FM XIV *L'Homme et la mer* 10)). 2) '*amer*' qui ne s'applique qu'au gouffre

(FM XIV *L'Homme et la mer* 4; FM XLIX *Le Poison* 15; FM II *L'Albatros* 4). 3) '*béant*' allié au seul abîme (FM XCVI *Le Jeu* 22, PC V *Femmes damnées* 76); notons pourtant que le gouffre est aussi qualifié d'"immense' (FM LXIX *La Musique* 12). En résumé, 'gouffre' semble plus nettement négatif que 'abîme':

	noir et apparentés	profond et apparentés	amer	béant	immense	total
gouffre	3	3	3	÷	1	10
abîme	1	2	÷	2	÷	5

'Amer', avec ses 16 occurrences, se place dans la très vaste classe des adjectifs ayant entre 10 et 20 occurrences, mais sa valeur négative ne saurait être mise en doute, d'autant moins que son antonyme, 'doux', épithète clef des FM, a une valeur positive indéniable. Cette observation prend tout son sens lorsqu'on constate que, l'amertume qualifiant ainsi clairement la verticalité[34], la douceur paraît très souvent intimement liée à l'*horizontalité* – ce qui n'est guère surprenant, si l'on se souvient que l'horizontalité est la dimension de l'*évasion*, de la fuite: « Mon enfant, ma sœur,/Songe à la douceur/ D'aller là bas/ ... » (FM LIII *L'Invitation au voyage* 1–3). Cf. encore p.ex. NFM XIII *Recueillement* 14 « Entends, ma chère, entends la douce Nuit qui marche. »; FM IV *Correspondances* 10 « (des parfums frais) Doux comme les hautbois, verts comme les prairies. »[35]. D'autre part, 'doux' fonctionnant ainsi comme l'épithète de l'horizontalité, on ne s'étonnera pas que la seule épithète 'cosmique' fréquente et négative, 'noir', caractérise la *verticalité*: son champ sémantique est autrement vaste que celui d'"amer'. Il est hautement significatif qu'en marge d'un autographe (envoyé en 1860 à Poulet-Malassis) de FM CII *Rêve parisien* 41, qui nous

[34] Pourtant, chez Baudelaire, rien n'est simple! Dans les quatre passages le gouffre 'amer' se trouve en effet dans un contexte *marin*, c.-à-d. d'horizontalité fondamentale. Mais justement, nous verrons que le signe de la mer est ambigu lui aussi. V. p. 57. Quoi qu'il en soit, ce contexte explique que la qualité négative soit exprimée non par 'noir', mais par 'amer', puisque doux-amer sont des qualités fondamentales de l'humidité.

[35] A la lumière des analyses précédentes, on comprendra toute la force de l'alliance de mots de PC III *A celle qui est trop gaie* 33 « Et, vertigineuse douceur! ». On se rappelle que le sentiment propre lié au vertige est la *peur*. Pour l'emploi généralisé que fait B. de l'oxymoron v. Léon Cellier.

présente un noir « fourbi, clair, irisé », soit de teinte positive, Baudelaire ait vu lui-même l'insolite de cet emploi, puisqu'il s'interroge ainsi: « Le noir étant le zéro de la couleur, cela peut-il se dire? » (cit. Adam 115)[36]. Notons d'ailleurs que, sous ce rapport également, 'abîme' est marqué comme moins nettement négatif que 'gouffre', puisqu'il n'est qualifié de noir qu'indirectement (« noir comme un abîme »; voir pourtant NFM VII *La Voix* 17 « au plus noir de l'abîme »). 'Profond' ne pose pas de problème; de même que les signes, les qualités ont souvent une valeur ambiguë et 'profond' appartient justement à ce groupe ambigu si typique de Baudelaire[37]: tantôt orienté vers la négativité de noir, tantôt vers la positivité de grand. 'Béant' (adjectif très rare: 3 occ.) est plus difficile à placer: dans la mesure où il entre dans le champ de 'grand', il serait plutôt positif; mais il vaut certainement mieux le placer, avec 'immense', dans le groupe des épithètes ambiguës, analyse confirmée par le seul passage où 'béant' apparaît sans 'abîme': FM XCVII *Danse Macabre* 56 qui allie justement 'béant' à la qualité négative par excellence, le noir (pour ne rien dire de l'adverbe 'sinistrement'): « Dans un trou du plafond la trompette de l'Ange/Sinistrement béante ainsi qu'un tromblon noir. »

Tout compte fait, 'gouffre' semble donc simplement plus étendu qu''abîme', puisque le premier terme s'accommode de toutes les nuances du second et que l'inverse n'est pas vrai, ce qui correspond d'ailleurs à l'importance numérique respective des deux mots ('gouffre': 23 occurrences, 'abîme' 12).

11. Le gouffre figure stylistique

Lorsque nous parcourons tout le corpus, nons constatons, comme je l'ai dit, que les occurrences du gouffre sont à classer en 3 grandes catégories selon leur rapport avec la verticalité et au sentiment existentiel: 1° le 'vrai' gouffre, pleinement vertical et dominé par la terreur: 2° le gouffre-évasion,

---

36 Cf. la discussion infra sur le « soleil noir » et le « puits clair et noir » p. 64 sqq.

37 Pour Guiraud 82 (ici encore un peu rapide dans son analyse) 'profond', qui serait rarement appliqué au gouffre – il l'est pourtant plus fréquemment qu'aux hauteurs célestes! –, se réfère au *ciel* « avec une valeur esthétique et euphorique »; il oublie que la valeur de 'profond' dépend entièrement de son lieu cosmique: la profondeur du ciel *peut* signifier un rapprochement de l'idéal – mais il est certain que la profondeur du gouffre reste liée à la notion fondamentale de la peur. Notons que la faiblesse principale de l'étude si importante de Guiraud est justement de méconnaître l'ambiguïté fondamentale du signe baudelairien.

combinant les deux dimensions et évoquant une possibilité d'oubli (de la peur); 3° le gouffre – salut, vertical, mais faisant jaillir la joie. Du point de vue de la valeur, le premier est négatif, le deuxième ambigu et le troisième positif.

Il convient tout d'abord d'écarter les passages où le mot de gouffre ne fonctionne pas comme un véritable signe poétique, mais comme une simple *figure stylistique*. Evidemment cette distinction d'apparence anodine est grosse de difficultés de méthode, car si, à l'intérieur du corpus, le signe n'est pas identique à toutes les occurrences de la même chaîne phonique, comment éviter de retomber dans tous les arbitraires de la vieille stylistique? En effet, comment séparer dans ce cas le bon grain de l'ivraie sinon par l'interprétation toute subjective du critique? Ce problème épineux dépasse largement le cadre de cette étude; il me suffira de constater que la distinction signe poétique – figure pittoresque est une évidence attestée (plus ou moins implicitement) par d'innombrables études de détails de textes poétiques. A mon sens, la solution du problème sera probablement d'ordre surtout *numérique*: la fonction 'figure pittoresque' est une fonction impliquant une seule relation (tout comme la périphrase) de mot propre (référé) à mot figurant (référant), tandis que la fonction 'signe poétique' implique que le mot en question entre en relation avec au moins un autre signe qu'avec celui qu'il « figure ». Plus le mot entretient de relations avec d'autres mots, plus le signe se charge de sens. Du point de vue de la constitution de l'univers imaginaire, on pourrait dire aussi que la figure n'a pas d'existence propre, ne désigne pas un *objet* représenté (« cosmique »), mais définit une *qualité* appartenant à un objet déjà constitué et présenté à l'intérieur de l'univers imaginaire du texte. C'est cette même idée que Pierre Guiraud exprime, sous une forme légèrement différente, en disant que le signe peut être *valorisé* s'il se combine avec d'autres signes importants, et que, dans la négative, il reste un simple *outil*[38].

Curieusement le même Guiraud 79 prétend que, dans les FM, 'gouffre' et 'abîme' sont employés « toujours dans un contexte valorisé ». Antoine 86 sq. attire malicieusement l'attention du lecteur sur l'abus que fait Guiraud du mot 'toujours'. Aussi celui-ci se contredit-il p. 89, puisqu'il fait du « gouffre marin » une simple figure de style – affirmation elle aussi trop catégorique (v. infra). L'exemple le moins contestable de cet emploi figuré

---

[38]« Un signe ainsi *valorisé* s'étend sur la totalité du champ des valeurs qu'il assume, et c'est à l'ensemble de ces valeurs qu'il réfère à tout moment et dans chacun de ses emplois singuliers. » (Guiraud, *Gouffre* 76).

me paraît FM II *L'Albatros* 4 « Le navire glissant sur les gouffres amers »: l'idée de gouffre n'a aucune pertinence pour la thématique du texte (qui oppose le ciel à la terre (ou aux planches d'un navire)) et l'expression «gouffres amers » entre partout dans une relation simple avec « l'objet figuré »: les profondeurs de la mer[39].

Cependant FM CII *Rêve parisien* 36 semble tout aussi clair: « Dans des gouffres (= des bassins, ainsi nommés v. 15) de diamant. » En revanche on peut discuter FM XXXVII *Le Possédé* 4: « Et plonge tout entière au gouffre de l'Ennui »; bien que l'idée de gouffre paraisse d'abord peu pertinente, elle s'allie ici à l'ombre (v. 2), donc au noir, et surtout à l'idée d'enfer (v. 14). Il serait donc possible d'interpréter 'au gouffre de l'Ennui' soit comme une simple périphrase emphatique d'"au fond de l'Ennui', soit comme la postulation d'un vrai gouffre, objet du cosmos poétique (et je pencherais pour cette dernière interprétation).

12. Le gouffre topos

Nous trouvons de la sorte une petite série d'occurrences où le mot, sans être vide de sens comme la figure[40], n'accède pourtant pas à l'existence pleine du signe poétique en tant qu'objet cosmique. En effet, l'acception du gouffre dans un poème donné peut parfaitement s'accorder avec le sens

---

[39] Pour un emploi pittoresque tout à fait analogue de l'expression 'gouffre amer' voir Théophile Gautier, *Carmen* (*Emaux et camées*) v. 22–24: « [. . .] cette mer / D'où jaillit, nue et provocante, / L'âcre Vénus du gouffre amer. » Le caractère figé de la combinaison est attesté par un texte du 16ᵉ siècle, où l'on note au passage qu' 'abîme' apparaît comme synonyme du gouffre marin:

« Comme corps mort vagant en haulte Mer,
Esbat des Ventz, et passetemps des Undes,
J'errois flottant parmy ce Gouffre amer,
Ou mes soucys enflent vagues profondes.
  Lors toy, Espoir, qui en ce poinct te fondes
Sur le confus de mes vaines merveilles,
Soubdain au nom d'elle tu me resveilles
De cest abysme, auquel je perissoys:
Et a ce son me cornantz les oreilles,
Tout estourdy point ne me congnoissoys. »

(Maurice Scève, Délie, CLXIV)

[40] Terminologie impropre, car la figure n'est naturellement pas 'vide' de sens, puisqu'elle entre dans une (seule) relation sémantique. On pourrait peut-être dire que son sens est *secondaire*, puisque l'objet poétique, qui est la véritable constituante du cosmos et le porteur privilégié du sens de l'univers imaginaire, est présupposé par la figure.

général du signe dans le corpus, sans que le gouffre y entre nettement dans plusieurs relations sémantiques. Néanmoins, il y assume une valeur qui transcende le texte isolé; bref, il fonctionne comme un *topos*[41]. On peut dire que le topos est un signe poétique « mince » ou schématique. C'est le cas de 4 passages des FM où le gouffre évoque tout simplement le monde de l'*enfer* (cf. *Ebauche d'un épilogue pour la 2e édition* 27–28, Adam 219–20: « (...) et puis tes (de Paris) égouts pleins de sang, / S'engouffrant dans l'Enfer comme des Orénoques »). Le passage le plus clair en ce sens est peut-être FM XXXV *Duellum* 12 « – Ce gouffre, c'est l'enfer, de nos amis peuplé! » Il s'agit d'un ravin où les duellistes ont roulé (v. 9–10), mais qui est évidemment aussi un gouffre; cependant le texte insiste moins sur l'existence physique du gouffre-ravin que sur sa valeur emblématique d'enfer. Le processus est le même dans NFM I *Epigraphe pour un livre condamné* 9–10 « Mais si, sans se laisser charmer / Ton œil sait plonger dans les gouffres ». Il s'agit des fleurs du *mal*, de l'enfer (cf. vv. 5–6 « Si tu n'as fait ta rhétorique / Chez Satan ... »).

Tout comme le passage de figure à topos, celui de topos à objet poétique se fait progressivement. Ainsi des deux occurrences du mot dans les poèmes lesbiens, la première, PC IV *Lesbos* 7 semble encore bien schématique, proche d'ailleurs de l'élément pittoresque d'une description de la nature[42] (les cascades de montagnes se jetant dans les ravins), mais son champ sémantique ressemble tant à celui du vrai gouffre que la classification devient bien difficile: les gouffres sont sans fond (l'infini, v. infra), définis par rapport au gouffre normal (« sans *peur* »), et ils sont constitués par le mouvement ascendant brisé (les cascades), figure typique de notre signe poétique. Dans le deuxième passage, PC V *Femmes damnées* 87 nous retrouvons bien le topos de l'enfer (v. 86 « Descendez le chemin de l'enfer éternel! ») mais l'objet l'emporte maintenant sur le topos, et le lieu qui surgit n'est plus l'enfer de notre tradition religieuse, mais justement le gouffre baudelairien, spécificité marquée par la présence du *vent* (v. 88) dont nous avons constaté la propriété créatrice de vertige, donc de chute, dans le sonnet[43]. Des remarques analogues sont valables pour l'abîme de NFM XV *Les Plaintes d'un Icare* 15.

---

[41] Baudelaire fait justement un emploi fréquent de procédés archaïsants, p.ex. les emblèmes et les allégories. Cf. supra p. 41 n. 26.

[42] Pour la distinction élément pittoresque/descriptif – objet/signe poétique v. supra p. 48 et p. 37.

[43] La marche du texte confirme cette analyse, car ce n'est pas l'idée d'enfer qui y est développée, mais bien celle d'endroit profond et obscur, v. 93 « cavernes », etc.

13. Le vrai gouffre: l'infini

Le vrai gouffre, c.-à-d. la signification fondamentale du signe, peut se considérer sous trois aspects: 1° le gouffre-enfer, dont nous venons de parler sous le nom de *topos*; 2° le gouffre infini, champ originel de tout le signe; 3° le gouffre céleste, cas particulier, mais éminemment significatif.

Comme chez Pascal, c'est l'expérience intime de l'*infini* qui fait sentir à l'homme baudelairien son impuissance, l'infini qui lui donne l'impression d'être entraîné par une fatalité horrible. Du point de vue de la verticalité la peur tient au fait que le gouffre est sans fond, nous l'avons vu: le salut que le poète pourrait espérer atteindre au fond du gouffre est le néant, l'anéantissement de tout son être, mais comme le gouffre est sans fond, le néant reste inaccessible[44]. C'est proprement le tonneau des Danaïdes, toujours vide, car le fond en est percé (FM LXXIII *Le Tonneau de la haine* 5: « Le Démon fait des trous secrets à ces abîmes »). Cependant la force la plus saisissante de l'infini, procréateur de gouffre et de terreur existentielle, apparaît lorsqu'on part de l'horizontalité. Les *fenêtres* – autre signe éminemment ambigu – participent des deux dimensions. Déjà le sonnet nous montrait que les fenêtres ne donnaient pas accès à un paysage « doux », à une possibilité de fuite, mais attestaient la présence de l'*infini* (NFM XIV 11 « Je ne vois qu'infini par toutes les fenêtres »). Richard 111–13 s'occupe longuement de la *vitre*; s'appuyant sur un passage des *Fenêtres* (PPP XXXV) il veut faire des fenêtres un principe fécond, permettant de reconstituer une épaisseur créatrice. Il est bien vrai que telle est l'aspiration du poème en prose, mais précisément, même dans ce texte, il ne s'agit que d'une tentative. Ce qu'on trouve derrière la vitre peut être, selon le texte même, un trou lumineux – ou un trou *noir*! Quoi qu'il en soit, il importe surtout de souligner que la méthode de Richard ne permet pas d'éclairer la valeur du signe dans les FM. L'auteur du poème en prose nous affirme que « ce qu'on peut voir au soleil est toujours moins intéressant que ce qui se passe derrière une

---

[44] Une expression dans FM LXXXIV *L'Irrémédiable* 20 « D'éternels escaliers sans rampe » met bien en lumière la liaison de l'infini, du gouffre et de la peur, cf. Richard 150 sq. parlant de l'importance de la *spirale*. Cependant, si, en tant que sinuosité (c.-à-d. horizontalité), la figure de la spirale retient une certaine positivité, Richard ne voit pas qu'elle risque à tout moment d'entraîner l'homme dans le mouvement *menaçant* du vertige. Cf. Epaves II *Sur le Tasse en prison* 4. Ajoutons que le terme même de spirale n'est *pas* employé dans les FM pas plus que le *thyrse*, dans lequel Poulet. *Cercle* 427 veut voir le symbole parfait de la synthèse baudelarienne. L'analyse de Richard a plus de pertinence lorsqu'elle parle, comme celle de Poulet, de la *ligne sinueuse*, p. 144 sqq. Cf. infra p. 72 sq.

vitre ». L'auteur des FM a le courage de regarder en face ce qui se trouve de l'autre côté de la vitre, malgré toute la terreur que cette vue lui inspire. Notons finalement que la vitre appartient avec le *miroir* et l'*œil* à ces transparences ambiguës qui peuvent soit se creuser (« avec l'attirance du gouffre »), soit se fermer en réflexion intérieure. Par ce détour, ces deux signes rejoignent le champ sémantique de *mer*.

Cette ambiguïté du signe explique l'impuissance de la fuite, mouvement horizontal, à supprimer le sentiment d'infini qui est partout présent. C'est le cas envisagé dans PC V *Femmes Damnées* 104 où le poète entrevoit la possibilité de se soustraire au terrible sentiment d'infini par la fuite: « Et fuyez l'infini que vous portez en vous! » (cf. v. 102). Or cette solution s'avère extrêmement aléatoire, puisque la fuite horizontale nous ramène droit à l'infini par le biais de l'*écoulement du temps*. En effet, l'évasion qui ne se cantonne pas dans l'existence idéale « derrière la vitre » (v. supra), est happée et décomposée par la nécessité qui l'emprisonne dans le temps (cf. Salvan 131). Il est vrai que la succession du temps est une progression horizontale, mais comme elle est infinie, cette succession peut toujours s'effondrer et nous retrouvons ainsi la figure « archétypale » évoquée déjà par le sonnet (v. p. 38):

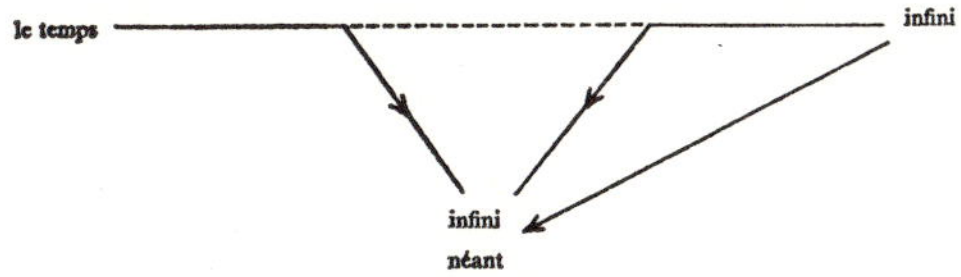

C'est FM XXX *De profundis clamavi* 12–14 qui opère explicitement cette alliance de l'écoulement du temps avec le gouffre (v. 2) et la recherche (impossible) du néant:

> « Je jalouse le sort des plus vils animaux
> Qui peuvent se plonger dans un sommeil stupide.
> Tant l'écheveau du temps lentement se dévide. »

L'expression de FM LXXX *Le Goût du néant* 11 est encore plus probante: « Et le Temps m'engloutit minute par minute ». Le cours inéluctable du temps engendrant l'angoisse (et le gouffre) a peut-être trouvé son expression la plus claire – quoique légèrement ironique – dans la raillerie qu'en 1845 Baudelaire rédigea sur Balzac dans la note: « *Comment on paie ses dettes quand on a du génie* »:

> « (. . .) il (le grand homme devant payer un billet de 1200 frs) se trouvait dans ce cas mortifiant que nous connaissons tous, où chaque

minute qui s'envole emporte sur ses ailes une chance de salut; où, l'œil fixé sur l'horloge, le génie de l'invention sent la nécessité de doubler, de tripler, décupler ses forces, dans la proportion du temps qui diminue et de la vitesse approchante de l'heure fatale. » (Club 1208).

A l'intérieur du corpus le texte capital est naturellement FM LXXXV *L'Horloge* 20[45]: « Le gouffre a toujours soif; la clepsydre se vide »: si l'horloge prend la forme démodée de la clepsydre[46], c'est évidemment que celle-ci permet d'illustrer, de façon particulièrement adéquate, la verticalité sous-jacente au déroulement du temps.

14. Le gouffre du temps

Il est significatif que l'infini soit doté d'une valeur négative si manifeste précisément quand il est lié au temps. En effet, l'infini participe de l'ambiguïté baudelairienne, puisqu'il peut apparaître avec une valeur positive quand il qualifie le monde de l'idéal. V. p.ex. FM IV *Correspondances* 12 « (des parfums) ayant l'expansion des choses infinies » (cf. Salvan 129)[47]. C'est la même ambiguïté qui affecte l'idée apparentée de *nombre*: normalement source de terreur (v. le dernier vers du sonnet), la série infinie des nombres donne accès, dans quelques textes hors corpus, à l'expansion positive de l'existence matérielle: « le plaisir d'être dans les foules est une expression mystérieuse de la jouissance de la multiplication du nombre. (...) L'ivresse est un nombre. » (Club 1421)[48].

Dans une étude lumineuse G. Poulet a signalé cette identification remarquable qu'opère Baudelaire entre temps et espace, et dont je viens d'analyser un aspect: la liaison entre le concept de l'écoulement du temps et le signe du gouffre[49]. Citant un mot révélateur de Baudelaire: « Profondeur

---

45 Encore un de ces poèmes-définitions d'un signe poétique, cf. supra p. 32 n. 15.

46 Nouvel exemple de la prédilection de Baudelaire pour les emblèmes archaïsants.

47 Cf. FM XXI *Hymne à la Beauté* 24.

49 Cf. Galand 37 qui signale le même rapport, tout en insistant lui aussi sur la dialectique qui conduit l'homme du temps infernal au temps extatique: « Le rêve d'une victoire sur le temps reparaît constamment chez Baudelaire. Annuler les effets de la chute, revenir à ce moule où l'action est la sœur du rêve, telle est sa perpétuelle hantise. Le désir d'évasion qui se manifeste sans cesse chez lui a sa racine profonde dans la nostalgie des moments édéniques de son enfance. » L'instabilité de ce retour paradisiaque est relevée par Poulet. *Temps* 329 qui rappelle avec pertinence que le poète était parfaitement conscient du caractère utopique de ce rêve, puisque l'enfant réel était victime des mêmes tiraillements entre l' « ivresse » du moment extatique et le souvenir du péché originel ancré dans le passé mythique.

de l'espace, allégorie de la profondeur du temps » (Poulet. *Temps* 332, cf. les textes cités par Poulet. *Cercle* 407, où il développe encore cette étrange identité), Poulet distingue chez Baudelaire deux temporalités; le *temps extatique*, marqué par l'expansion infinie de la minute (Poulet. *Temps* 332): c'est le temps de l'axe horizontal dans sa valeur d'évasion; le temps du gouffre ou *temps infernal* (op. cit. 336), marqué par la chute dans la matière et le mal: c'est le temps de l'axe vertical. Il est essentiel de remarquer avec Poulet. *Temps* 337 que la succession mécanique des minutes et des nombres provoque, précisément par son manque de cohésion constitutif, le désir de sombrer à travers ces « trous » du temps dans le vide du néant (Poulet. *Temps* 342)[50].

15. Le gouffre céleste et l'élévation

Le poète a pris soin d'expliciter lui-même l'importance du gouffre, plaçant le mot dans l'avant-dernier vers de son grand recueil: FM CXXVI *Le Voyage* 143. Or on y voit que le sens du signe reste le même, que son lieu soit l'enfer ou le *ciel*: « Nous voulons (...) / Plonger au fond du gouffre, Enfer ou Ciel, qu'importe? » Voilà qui suffirait déjà à prouver, si besoin était, que le *gouffre céleste* est essentiellement de la même nature que le gouffre infini[51], et il est fâcheux qu'Antoine 94 (entraîné ici – comme son grand ennemi Richard – par un texte non poétique choisi au hasard dans les textes si divers de l'homme Charles Baudelaire) se laisse aller à parler de la « couleur euphorique des gouffres marins et célestes ». J'ai déjà noté (p. 36 sq.) la terreur qui accompagne l'apparition du gouffre au milieu des « cieux spirituels » dans FM XLVI *L'Aube spirituelle*; signalons ici la fréquence avec laquelle les FM nous parlent du *fond* du ciel et similaires (v. FM CXVII *L'Amour et le crâne* 8, NFM XV *Les Plaintes d'un Icare* 6, cf. l'expression « au fond de mon éternité » NFM VI *Hymne* 16, cf. FM C 19); et « l'ange furieux (qui) fond du ciel comme un aigle » (NFM VIII *Le Rebelle* 1) ne descend, en réalité, que pour percer le trou du jugement dernier dans le plafond de l'existence truquée des hommes (FM XCVII *Danse macabre* 55–56, cit. supra p. 48). En résumé le trait dominant du ciel baudelairien est sa *profondeur* (cf. PPP III cité p. 58 note 59). Cf. p. 48 note 37.

---

50 Dans la conclusion j'essaierai d'intégrer cette temporalité spatiale au concept général du temps baudelairien.

51 Cf. l'invocation à la Beauté dans FM XXI *Hymne à la Beauté* 1 « Viens-tu du ciel profond ou sors-tu de l'abîme » et celle, exactement inverse – et pourtant identique! – de FM XXXVII *Le Possédé* 12 (« nuit noire, rouge aurore »).

Du point de vue de la spatialité le problème du gouffre est de savoir dans quelle mesure l'*élévation* reste une issue. Certes, dans l'univers des FM l'élévation est possible; mais, d'une part, nous avons vu qu'à un moment donné la force ascendante s'épuise et cède à l'attraction du gouffre (la chute); d'autre part, ce mouvement ne saurait connaître d'aboutissement, puisque, tout comme le gouffre, le ciel, profond et vaste, n'a pas de fond. Ainsi l'esprit qui s'élève vers les profondeurs du ciel est condamné à ne rencontrer que le *vide*[52]: FM XXXIX 9–10 « Etre maudit à qui, de l'abîme profond / Jusqu'au plus haut du ciel, rien, hors moi, ne répond! »

Dès lors, il ne reste à l'homme des FM que deux possibilités pour échapper à cette fatalité de la verticalité: faire tous ses efforts pour convertir la verticalité en horizontalité, donc empêcher le gouffre de se creuser en convertissant l'élévation en *vol*, c.-à-d. en un mouvement dont la force centrifuge, l'expansivité, est telle qu'il pourra devancer la formation des gouffres en entraînant l'homme dans cette fuite perpétuelle qu'est le vol. En second lieu l'homme baudelairien, faisant de nécessité vertu, peut courageusement regarder le gouffre en face, essayant d'en sonder les profondeurs, d'en trouver le *fond* qui lui permettrait d'invertir le mouvement descendant et de prendre un nouvel essor. Les deux possibilités de salut sont résumées, en quelque sorte, par le signe de la *mer*. Nous allons d'abord examiner comment se présente la première: la *fuite horizontale*. Elle prend des formes extrêmement diverses, mais nous allons surtout examiner celles qui sont le plus nettement apparentées avec le signe du gouffre, et en premier lieu, la mer[53].

Il est remarquable que, dans le poème que je viens de citer sur le vide de l'élévation, la chance de salut proposée comme palliatif à cette fatalité cosmique soit précisément la course maritime sur la mer du temps[54], v. FM XXXIX 1–4. Or, c'est justement avec ce caractère que se présente l'*élévation* même, dans le poème-définition, FM III *Elévation*, comme l'a

---

[52] Cf. FM LXXIX *Obsession* 11 l'alliance significative du *vide* et du *noir*, couleur du gouffre. Même champ sémantique dans FM XCII *Les Aveugles* 9–10 et 14.

[53] Il est d'autant plus justifié de ne pas s'appesantir ici que le thème du *voyage*, important à l'égal de celui du gouffre, a été abondamment traité par la critique. Soulignons seulement combien il est caractéristique que l'évanouissement du *plaisir*, qualité primordiale de l'horizontalité, opposée à la qualité majeure de la verticalité, la douleur, soit figurée non pas comme une chute, mais comme une *fuite*, mieux, comme une *vaporisation*: v. FM LXXXV *L'Horloge* 5 « Le Plaisir vaporeux fuira vers l'horizon ».

[54] A noter que le *vent* positif (opposé donc au vent du vertige) apparaît normalement sous une figure *transposée*; ici c'est le « grand aquilon » (v. 4), ce qui correspond étroitement à ce gouffre transposé qu'est la mer. V. p. 37 et cf. infra p. 112 sqq. sur la technique générale de la transposition.

noté excellemment Richard 117. Nous sommes loin ici de la fatalité douloureuse du jet d'eau ou du vol d'Icare[55] et très proches de l'expansion euphorique de l'ivresse. L'esprit du poète « plane sur la vie » (v. 19) et son aspiration vers « les champs lumineux et sereins » (v. 16) s'aplanit aussitôt en hédonisme mystique, dont l'adepte, immergé dans l'élément liquide, jouit dans la mesure où il y nage:

> « Mon esprit, tu te meus avec agilité,
> Et, comme un bon nageur qui se pâme dans l'onde,
> Tu sillonnes gaiement l'immensité profonde
> Avec une indicible et mâle volupté. »
>
> (vv. 5–8.)

16. La mer, signe poétique

Comme tous les grands signes baudelairiens, la *mer* participe de la nature double de sa cosmologie (et de son anthropologie, qui ne nous concerne pas ici)[56]. On sait que l'homme Charles Baudelaire haïssait violemment la mer naturelle[57], fait relativement peu significatif puisque ce neurasthénique se sentait depuis toujours divorcé d'avec la création physique tout entière. Toujours est-il qu'à côté d'une mer positive, lieu de plaisir horizontal, les FM comportent quelques textes décisifs qui dénoncent sans ambiguïté une autre mer aux profondeurs et aux tumultes horrifiants; v. en particulier FM LXXIX *Obsession* 5 « Je te hais, Océan! » et FM XC *Les Sept vieillards* 51–52. Ainsi la mer a deux valeurs:

la mer-surface	→	évasion
la mer-gouffre	↓	chute[58]

Elle se présente sous deux aspects, rejoignant par là le groupe important de signes dont le propre est d'avoir à la fois une surface brillante et une profondeur obscure: miroir, lac, fenêtre, yeux et, dans une certaine mesure,

---

[55] Nouvel exemple, donc, de l'*ambiguïté* du signe baudelairien. A noter que la « vraie » élévation, celle de la verticalité pure, est justement liée à la *terreur*. V. NFM XVI *Le Couvercle* 7–8.

[56] V. F. Porché 368.

[57] Notons que, comme les autres signes, le mot peut ne signifier qu'un objet physique représenté, un élément du décor: v. FM CXXVI *Le Voyage* 44, où le poète parle d'un gouffre situé dans la mer, mais qui n'est pas le gouffre marin, puisqu'il s'inscrit intégralement dans la verticalité.

[58] C'est le « Styx bourbeux et plombé » dont parle FM LXXXIV *L'Irrémédiable* 3 (cf. v. 8).

le cœur. Cf. supra p. 53. Si la mer prend facilement une valeur euphorisante, c'est sans aucun doute qu'elle peut être un *miroir du ciel*; elle intercepte, pour ainsi dire, la lumière du ciel en inversant le mouvement de chute. Le signe illustre donc, on le voit, surtout un processus d'*identification* du ciel et de la terre, éléments réunis par un même mouvement réflexif[59]:

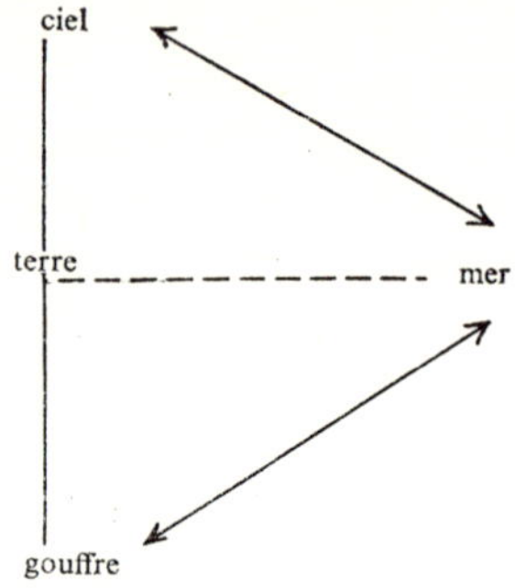

Ce mouvement opère un aplanissement du ciel et de la terre[60], ce qui le fait échapper au vrai gouffre, exactement comme l'élévation 'horizontale' (v. supra), et il oblitère ainsi l'idée de nombre (dont le concept d'identité est évidemment l'antonyme). Antoine 94 souligne à bon droit que, dans le microcosme, la *chevelure* est l'homologue de la mer: comme elle, la chevelure signifie un gouffre à la fois marin et céleste, de valeur euphorisante[61].

Cependant il est rare que la mer se présente sous une couleur euphorique univoque, comme dans FM LXII *Moesta et errabunda* 3–4 et surtout 6: « La mer, la vaste mer, console nos labeurs! »[62]. Normalement la mer

---

[59] Richard 138 attire à juste titre l'attention sur un texte du *Confiteor de l'artiste* (PPP III) illustrant l'état fondamental du cosmos, qui est la *séparation* des deux éléments, séparation qui y installe justement la terreur: « (. . .) et maintenant la profondeur du ciel me consterne, sa limpidité m'exaspère. L'insensibilité de la mer, l'immobilité du spectacle me révoltent. »

[60] De façon extrêmement significative, NFM XVI *Le Couvercle* 13–14 démontre que l'aplanissement – c.-à-d. la convergence des deux axes – est lié à l'élément liquide (la marmite qui bout! Cf. le « noir océan de l'immonde cité » de FM LXII *Mœsta et errabunda* 2).

[61] Il suffit de renvoyer au poème-définition FM XXIII *La Chevelure* ou à PC II *Le Léthé* 3–4. V. l'analyse détaillée infra p. 67.

[62] Cette fonction positive est normalement assumée par le *navire*, v. p.ex. les textes cités p. 56 n. 53 – ou encore FM LII *Le Beau navire* (poème-définition), FM LIII *L'Invitation au voyage* 29–34, FM XXIII *La Chevelure*, FM CXXVI *Le Voyage*, etc. Cf. Worthington Campbell 396 qui confond pourtant les deux fonctions de mer et de navire. La fonction du navire est bien résumée dans la petite note de Henri Peyre.

indique précisément la convergence des deux mouvements, présentant à la fois les splendeurs du miroir et les profondeurs des flots. Le texte-clef est ici FM LXIX *La Musique* 11–14:

« Le bon vent, la tempête et ses convulsions
Sur l'immense gouffre
Me bercent. D'autres fois, calme plat, grand miroir
De mon désespoir! »

Le texte souligne le caractère ambigu de la mer par l'inversion des valeurs: les gouffres sont apaisés, mais le miroir angoissant. Sur le plan spatial, les premiers vers ont procédé à une inversion analogue: l'étoile du ciel a filé sur la mer, de sorte que le poète peut espérer l'atteindre par une course horizontale: « Vers ma pâle étoile, (...) / Je mets à la voile. » (vv. 2 et 4). Relevons enfin la pièce capitale FM XIV *L'Homme et la mer*, où la mer apparaît également comme miroir (v. 2) et gouffre (v. 4), et où le poète insiste particulièrement sur le parallélisme entre macrocosme et microcosme (v. p.ex. strophe 3).

En résumé le signe de la mer présente une structure quadripartite, toute similaire à celle du gouffre, que nous pouvons expliciter à l'aide des épithètes:

1° La mer *noire*, de nature verticale (lieu du gouffre) et négative (menaçante): violette, (FM CXXVI 61), noire (ibid. 139), mer des ténèbres (ibid. 125), d'ébène (FM XXIII *La Chevelure* 14)

2° La mer *douce*, de nature horizontale (évasion) et plutôt positive (l'oubli): indulgente et bonne (PC IV *Lesbos* 51), odorante (à noter la liaison avec le signe par excellence de l'oubli: le parfum) et vagabonde (PC II *Le Léthé* 7), « mon (amour) profond et doux comme la mer » (PC I *Les Bijoux* 11)[63].

3° La mer-vase de richesses, de nature verticale et positive. Cette acception ne se trouve qu'en deux passages, et elle reste indépendante des épithètes. FM 1 *Bénédiction* 70 (« les perles de la mer »), où, pourtant la mer apparaît plutôt comme un élément pittoresque;

[63] Il est amusant que, du point de vue de l'ouïe, Baudelaire opère aussi avec deux classes de mer: la mer rauque (FM LXII *Mœsta et errabunda* 7) au rire énorme (FM LXXIX *Obsession* 8), opposée à la mer musicale (FM LXIX *La Musique* 1).

FM XIV *L'Homme et la mer* 11 « O mer, nul ne connaît tes richesses intimes ».[64]

Il est bien évident que cette dernière valeur démentirait totalement l'analyse précédente; aussi voyons-nous que Baudelaire ne l'évoque que comme une hypothèse inaccessible. Nous examinerons plus loin le signe du gouffre dans la même perspective: est-il possible de récupérer, à partir de la relative euphorie de l'évasion, une verticalité revalorisée?

4° La mer-nature. Ici la mer est un simple élément pittoresque, n'ayant de signification qu'au second degré; FM CXVI *Un voyage à Cythère* 53: « Le ciel était charmant, la mer était unie »; PC IV *Lesbos* 34.

17. L'évasion, le gouffre artificiel et le parfum

Nous rencontrons également ce gouffre horizontal lié à l'idée d'évasion, en dehors du champ sémantique de la mer. En particulier, il apparaît tout naturellement dans le contexte de l'*évasion artificielle*. La liaison est fournie par FM CVIII *Le Vin des amants* où l'ivresse est assimilée à l'élément liquide dans lequel on part en nageant vers le paradis des rêves (vv. 11–14)[65]. Dans notre corpus ce *gouffre artificiel*, illustré par un seul texte, FM XLIX *Le Poison* 6–10, est nettement placé sous le signe de l'horizontalité (vv. 6–7). Il est vrai que l'opium « approfondit le temps, creuse la volonté » (v. 8), mais il s'agit justement d'un acte de remplissage (v. 10), destiné à combler le gouffre; ce signe apparaît d'ailleurs plus loin dans le même texte (v. 15) en tant qu'élément du microcosme, mais ce n'est sans doute pas par hasard qu'il y est de nature marine. L'idée du gouffre à combler, mieux, à noyer par le vin, se retrouve ailleurs à l'état implicite, reconnaissable à son effet existentiel, la terreur, qui creuse le sol sous les pieds de l'homme angoissé: « J'ai demandé souvent à des vins captieux / D'endormir pour un jour la terreur qui me mine » (FM CXIII *La Fontaine de sang* 9–10). Hors corpus, Antoine 91 sqq. a rassemblé un certain nombre de textes très importants

[64] Il faut rapprocher cette analyse d'un texte capital des *Paradis artificiels* (Pléiade I 510–11) où, sous l'effet du haschich, les métamorphoses de l'eau reproduisent le même schéma mental, mais justement sans verticalité positive. D'abord l'eau apparaît comme un lac brillant et transparent, miroir attrayant. C'est donc la positivité horizontale. Ensuite l'eau s'élargit et se creuse en mer et en océan, magnifique, mais inquiétante par son étendue infinie: donc, valeur double. Enfin elle prend la figure de la face humaine, par un effet de miroir: « affreux tourment », négativité verticale.

[65] Cf. les notes précieuses d'Antoine 93 qui cite d'autres textes baudelairiens prouvant la parenté entre 'mer' et 'ivresse'.

pour la connaissance de ce gouffre où l'évasion est provoquée par l'ivresse; il suffit de rappeler les mots fameux sur « l'ivresse de l'art, plus apte que toute autre à voiler les terreurs du gouffre. » (PPP XXVII *Une mort héroïque*). Notons seulement qu'Antoine identifie trop rapidement le sentiment de l'« infini dans le fini » provoqué par les stupéfiants, expérience fondamentalement horizontale, avec le sentiment véritable du gouffre: le signe baudelairien ne peut se définir avec précision que lorsqu'on en a déterminé la dimensionalité poétique.

Si la mer est le signe privilégié de la fuite horizontale qui éloigne du gouffre, ce sera plutôt le *parfum*[66], « mer du souvenir », qui synthétisera les réflexions de Baudelaire sur l'autre possibilité spatiale d'échapper à la fatalité du gouffre et de trouver le 'salut': le *saut dans les profondeurs*. Cette recherche poétique aura donc lieu principalement selon l'axe de l'élévation et de la chute, et son objectif sera de *revaloriser la verticalité*: est-ce possible de donner à l'existence non seulement une successivité, mais aussi une durée, une profondeur?[67]

Le parfum représente des objets datant d'âges reculés et tombés dans les profondeurs de l'oubli. Or, parfois, le parfum réussit à les faire remonter du gouffre par la vertu du *souvenir*[68]. Maintes fois, le poète s'interroge avec anxiété sur la portée de ce phénomène: est-ce une réponse à la terreur du gouffre? La problématique est traitée dans un passage difficile du recueil, FM XXXVI *Le Balcon* 26–29:

« Ces serments, ces parfums, ces baisers infinis,
Renaîtront-ils d'un gouffre interdit à nos sondes,
Comme montent au ciel les soleils rajeunis
Après s'être lavés au fond des mers profondes? »

En se demandant si les souvenirs peuvent renaître en passant à travers le gouffre du corps de l'amante, c.-à-d. s'il est possible de ressusciter le passé, Baudelaire repose en réalité la grande question cosmique: la remontée du gouffre est-elle possible? Il ne s'agit naturellement pas de savoir s'il y a un soleil au fond du gouffre (comme le voudrait Richard), mais si le gouffre

---

66 Notons en passant qu'en tant que signe important, le parfum a lui aussi son texte-définition: FM XXXVIII (2) *Le Parfum*.

67 Il va de soi que cette seconde recherche se passe tout entière à l'intérieur du microcosme.

68 Comme du *voyage*, je ne parlerai de ce signe capital que dans la mesure où il sert à élucider le sens du gouffre, c.-à-d. entre dans le champ sémantique de celui-ci. Pour une analyse détaillée du parfum voir le chapitre intelligent de Prévost 180 sqq. « Parfum, donc souvenir. »

est *fini* (cf. supra), donc s'il est possible d'en ressortir. En d'autres termes, le gouffre est-il une mer où l'on peut repêcher les choses perdues des profondeurs? Mais le texte du *Balcon* ne répond pas; la solution de celui de FM XLVIII *Le Flacon* 16–17 est d'une ambiguïté désespérante, puisque, malgré la force du parfum, il nous ramène à notre point de départ: le gouffre vertical[69].

18. Le gouffre oubli

Il va sans dire que, si la réponse est affirmative, toute mon analyse en deviendra caduque et qu'il faudra chercher une autre signification à notre signe poétique. Or, il me paraît certain que nulle part dans notre corpus le gouffre n'illustre une verticalité vraiment positive. Les instances qu'on pourrait évoquer en faveur d'une telle interprétation décrivent une étape intermédiaire qui représente une dérivation dernière de la figure fondamentale du gouffre, dérivation dans laquelle intervient la force médiatrice de l'horizontalité: le *gouffre oubli*.

Il semble plausible, de prime abord, que le gouffre puisse exprimer l'oubli, c.-à-d. l'anéantissement de la conscience. Il suffit que, sur le plan de la dimensionalité, le gouffre s'écrase (le couvercle!), et s'élargisse vers les bords, et que, sur le plan de la valeur, il symbolise moins le résultat final du vertige (le néant) qu'une étape intermédiaire: l'oubli. Le poète crée donc ce qu'on pourrait appeler un *axe de l'oubli*, différent de l'*axe d'identification* ciel – mer (v. p. 58) par son mouvement *descendant*:

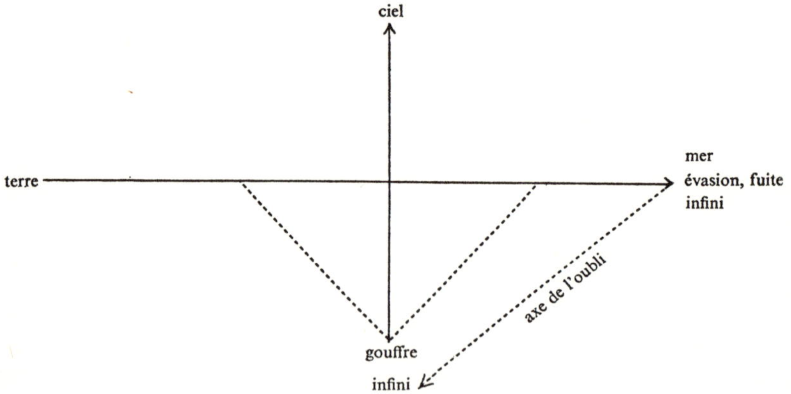

[69] Cf. les remarques d'Antoine 93 qui cite un passage important d'une lettre à Flaubert. On peut signaler encore le dernier tercet de FM LXXIX *Obsession* où les souvenirs, liés à la chute verticale, empêchent le poète d'atteindre le néant désiré.

En réalité cette valeur est liée au double statut du point d'aboutissement (jamais atteint) de cet axe de l'oubli : le *néant*. Fondamentalement, le néant est senti comme une vacuité, menaçante parce qu'elle se présente comme la négation de la plénitude; c'est moins un non-être qu'un anti-être. Parfois, pourtant, le néant apparaît justement comme une négation de l'existence même, prenant ainsi la valeur relativement positive de la cessation des peines de la vie. C'est l'aspiration vers un tel anéantissement libérateur que traduit un passage émouvant du *Projet de préface* destiné à une 3e édition des FM (Adam 251)[70] :

> « J'ai mes nerfs, mes vapeurs. J'aspire à un repos absolu et à une nuit continue. (...) Ne rien savoir, ne rien enseigner, ne rien vouloir, ne rien sentir, dormir et encore dormir, tel est aujourd'hui mon unique vœu. »

Mais ce n'est encore, précisément, qu'une aspiration. Et le gouffre-oubli conservera partout ce statut aléatoire du seul fait qu'il ne pourrait se réaliser pleinement que sous la forme du gouffre de la mort, et que, la mort se définissant chez Baudelaire comme l'*anti-être*, toute tentative d'atteindre un *non-être* (que serait la mort anéantissement de l'existence) est, d'avance, condamnée à l'échec.

Le poème-définition, PC II *Le Léthé*, qui, de façon significative, commence par invoquer la chevelure, mer d'oubli (v. supra), exprime clairement ce lien entre le sommeil-anéantissement du *Projet de préface*, la mort-délivrance du *Voyage* (FM CXXVI 137 sqq.) et l'oubli :

> « Je veux dormir, dormir plutôt que vivre! Dans un sommeil aussi doux que la mort (...)
> L'oubli puissant habite sur ta bouche ». (vv. 9–10 et 15).

Ce texte nous suggère de rapprocher l'un de l'autre l'amour et le gouffre de la mort (v. 13 « l'abîme de ta couche »), rapprochement qui se concrétise dans PC V *Femmes Damnées* 83–84 :

> « Je veux m'anéantir dans ta gorge profonde,
> Et trouver sur ton sein la fraîcheur des tombeaux! »

L'amour physique permet de faire disparaître le réel, mais expose l'amant au risque de se perdre dans l'abîme de la mort. Ainsi la force de négation

---

[70] Texte probablement à peine plus tardif que le sonnet du *Gouffre* et traduisant en tout cas le même état de prostration spirituelle désespérée.

troublante, mais salvatrice, de l'acte sexuel[71] reste très instable, car ce que l'homme ressent réellement, ce n'est pas la délivrance que donne le tombeau, mais l'horreur du chemin qui y mène, échec décrit avec une précision bouleversante par la dernière strophe de FM XLIX *Le Poison* 16–20:

Tout cela ne vaut pas le terrible prodige
De ta salive qui mord,
Qui plonge dans l'oubli mon âme sans remord,
Et, charriant le vertige,
La roule défaillante aux rives de la mort! »

Dans un tout autre domaine, non moins instable, le *jeu*, nous retrouvons cette recherche avortée d'une mort qui apporterait la délivrance parce qu'elle permettrait à l'homme de s'installer définitivement dans la douleur et l'anti-être. En effet, les vieillards de FM XCVI *Le Jeu* préfèrent « l'enfer au néant » (v. 24). Car s'il est vrai que, dans cette acception d'annihilation totale du monde extérieur, la « mort » (c.-à-d. la permance assurée du jeu) est finalement inaccessible aux joueurs, il n'en reste pas moins certain que la vacuité même de la convention cyclique du jeu leur donne un instant l'illusion de s'approcher d'un anti-être qui supprimerait l'idée et la nécessité du non-être redouté. Mais ils ne se rendent pas compte que ce mouvement même les jettera inévitablement dans « l'abîme béant » (v. 22) de la terreur existentielle. Ainsi le poème ne présente pas le jeu comme un divertissement pascalien (de nature horizontale), mais comme une sorte d'enfer transposé (verticalisé): la douleur s'enfonce dans la direction de la mort.

19. Le gouffre du salut

Après avoir montré que le gouffre-oubli dérive du gouffre existentiel « véritable », il me reste à examiner, pour répondre à la question que je me posais plus haut (v. p. 61), dans quelle mesure Baudelaire a tenté de réinterpréter cette aspiration vers le non-être dans le sens d'une *résurrection*, c.-à-d.

---

[71] Par cet aspect le gouffre s'apparente évidemment au *sadisme* de Baudelaire. V. G. Blin, *Le sadisme de Baudelaire*. Le sadisme est un essai de violer le secret de l'autre, de pénétrer de force jusqu'au fond de son gouffre intérieur. Or, en vertu de la 'loi du vertige', l'homme baudelairien ne pourra jamais devenir un vrai sadique, parce qu'il lui est impossible de maintenir son altérité: en cours de route, à mesure qu'il s'enfonce dans l'abîme, le sadique de Baudelaire est pris lui-même par le vertige, perd la domination de lui-même et se retrouve finalement dans la même situation que sa victime! Cf. Richard 123.

d'atteindre à travers la négation de son moi l'accès à un monde nouveau, à une nouvelle positivité. En somme, il s'agit de savoir si la verticalité peut, du moins, devenir bidirectionnelle, permettant une élévation stable (ce qui nous donnerait un univers spatial de nature cyclique) ou bien même, unidirectionnelle dans un sens opposé à la chute.

Indubitablement J.-P. Richard a fait œuvre utile en attirant notre attention sur des textes baudelairiens qui paraissent attester cette possibilité. Mais il s'agit de savoir si celle-ci s'étend aussi à l'univers spatial des FM. Or, *le poète des FM n'a jamais réalisé la possibilité de nier le gouffre*, d'invertir les valeurs de son univers spatial. Les textes où il en est le plus proche sont évidemment les textes sur la beauté; ainsi, dans FM XXI *Hymne à la Beauté* 23–24, les qualités de la beauté, dit-il, « m'ouvrent la porte / D'un infini que j'aime et n'ai jamais connu ». Limitons-nous ici à considérer la spatialité, nous verrons plus loin (p. 70 sqq.) toute l'ambiguïté dont la notion de beauté est imprégnée elle aussi.

Pour Richard, la preuve que l'inversion est possible, est, nous l'avons vu, la présence au fond du gouffre d'un soleil dont la lumière recrée un monde neuf. Or, un tel soleil n'existe pas dans les FM[72]. Il est vrai que FM XLVII *Harmonie du soir* 16 évoque l'existence, à l'intérieur de l'homme, d'une lumière ressuscitant le souvenir de l'amante et permettant d'échapper au « néant vaste et noir » (v. 10) – mais il s'agit justement d'une comparaison et, qui plus est, le texte tout entier se meut sur le plan de l'horizontalité. La seule lumière que connaissent les FM au fond du gouffre est une lumière factice, médiatisée, pur reflet, ayant la même existence que la « conscience dans le mal », comme on le voit p. ex. dans FM LXXXIV *L'Irrémédiable* 35–36:

« Puits de Vérité, clair et noir,
Où tremble une étoile livide ».

En réalité, – à part FM XLVIII *Le Flacon* et FM XXXVI *Le Balcon* déjà analysés – le seul texte des FM qui envisage ouvertement la possibilité de

[72] Cf. les remarques de Paul Pieltain 90–91 sur le « soleil noir » du *Désir de peindre* (PPP XXXVI); il met bien en lumière les précautions oratoires avec lesquelles Baudelaire introduit sa comparaison et surtout combien, en réalité, il est embarrassé par cette hardiesse d'expression (p. 91). C'est que l'oxymoron réunit ici des contraires baudelairiens, deux signes incompatibles dans son univers poétique – alors qu'ils conviennent parfaitement au cosmos mystique de Nerval. C'était exactement le même embarras que traduisait la note de Baudelaire sur l'existence douteuse d'un « noir irisé », v. supra p. 48.

concevoir le gouffre comme une porte d'entrée vers le rêve, vers le monde du souvenir, est NFM VII *La Voix* 16–18

> « (. . .) Derrière les décors
> De l'existence immense, au plus noir de l'abîme,
> Je vois distinctement des mondes singuliers »

Or, ce texte témoigne du caractère impraticable d'un tel *songe* qui finit, de façon extrêmement significative, par une allusion à la fable de l'astrologue qui se laisse tomber dans un trou! Finalement le gouffre-délivrance reste une illusion toute passagère dans un monde perverti, rongé par le ver du mal et de la souffrance.

20. Macrocosme et microcosme poétiques

La « mer » dans les profondeurs de laquelle Baudelaire rêve de trouver des richesses inconnues (cf. p. 59 sq.) et le gouffre au fond duquel il imagine des mondes neufs ont certainement leur place dans le *microcosme*. Pour bien prouver le caractère utopique de la rêverie, il nous reste par conséquent à démontrer rapidement que le gouffre intérieur ne se distingue en rien du gouffre cosmique, comme le suggère déjà FM XIV *L'Homme et la mer* dont le thème est précisément cette identification des deux gouffres:

> « Homme, nul n'a sondé le fond de tes abîmes;
> O mer, nul ne connaît tes richesses intimes » (vv. 10–11).

D'une façon générale, il existe dans les FM un parallélisme remarquable entre le macrocosme et le microcosme, comme nous avons déjà eu l'occasion de le constater à trois reprises (v. pp. 35, 43 et 58). La transition de l'un à l'autre est souvent presque insaisissable, mais ce qui importe à notre perspective, c'est qu'elle soit clairement structurée par rapport au gouffre: tout a été fait pour nous signifier que le lieu où se creuse celui-ci n'en change pas la nature. En effet, la transition s'organise autour des deux signes de la mer et de l'œil. Celui-ci est en quelque sorte la mer du microcosme, à la fois vitre réfléchissant le macrocosme comme la mer le ciel, et fenêtre sur le cœur comme la mer ouvre vers les profondeurs[73]. La transition est possible du fait que l'*eau* participe des deux éléments, l'eau de la mer pouvant à tout

[73] Hans Sørensen, *Ideal* 241 signale avec raison le caractère *pétrarquisant* de ce thème et rappelle le passage de la fameuse lettre à Marie Daubrun où Baudelaire s'écrie p. ex.: « Vos yeux m'ont initié au bonheur de l'âme »!

moment se métamorphoser en 'eau des yeux', en larmes, ou même en 'eau de la bouche', salive[74].

Bien entendu, le parallélisme des deux mondes dépasse largement le signe de l'œil. Celui de la *chevelure*, p. ex., illustre exactement le même processus, par l'intermédiaire, lui aussi, du signe de la mer: tantôt la chevelure se métamorphose en océan marin, tantôt elle nous conduit jusqu'aux profondeurs du cœur (cf. supra p. 58). Comme le signale pertinemment Guiraud, *Symbolique* 182 sqq., la chevelure est un signe de nature fondamentalement érotique, tandis que le champ des yeux, beaucoup plus large, comprend la relation entière du moi et du monde. Aussi la chevelure ne peut-elle pas supplanter l'œil dans cette fonction de transition entre le macrocosme et le microcosme. Il est vrai qu'elle figure souvent une *communication réussie*, parce qu'elle permet au moi de se perdre dans l'autre (à l'égal des autres signes sexuels); mais c'est qu'elle appartient d'abord au champ de l'évasion: elle peut diluer le moi à l'instar de l'opium ou du vin, elle produit une sorte d'évaporation (V. son rapport avec le *parfum*, cf. supra p. 61). Dès lors, il n'est pas étonnant que la communication établie par la chevelure soit unidirectionnelle, allant toujours du moi à l'autre. En effet, la chevelure n'a pas le pouvoir de nous donner accès au microcosme, c.-à-d. à la conscience de l'*autre*; tout au plus peut-elle faire passer le moi du poète de la matérialité à la spiritualité. Cela tient naturellement au fait bien connu que la chevelure est un agent de la *réification* de l'autre, faisant de la femme non une conscience, mais un objet-fonction[75]. En revanche, la communication tentée à travers l'œil est véritablement bidimensionnelle, bien qu'avortée (puisque, dans les FM, on ne réussit jamais à pénétrer à l'intérieur de l'autre, sinon comme objet physique et érotique – d'où la réaction de rage et d'impuissance qu'est, au fond, le sadisme). Par l'œil on s'engage dans un acte de *concentration* du moi par l'autre, tandis que la chevelure engage l'être dans un processus de dilatation. En résumé la chevelure demeure un élément *physique*, appartenant plutôt au macrocosme. Il reste que les deux signes sont étroitement liés, ne serait- ce que par leur participation commune à l'élément liquide.

Dès lors, nous pouvons schématiser les rapports entre le macrocosme et le microcosme de la façon suivante, en utilisant les analyses ci-dessus des sphères d'action (voir supra pp. 32 sqq.), et de la structure fréquentielle du vocabulaire (v. supra p. 42 sqq.):

---

[74] Pour cette équivalence je renvoie à la belle analyse de Richard 122 sq. En revanche les remarques de Guiraud, *Structure* 102 sur les pleurs n'apportent que quelques appréciations bien peu systématiques.

[75] Pour plus de détails voir infra p. 113 sq.

dynamique centrale	gouffre	
	macrocosme	microcosme
les sphères d'action	vue action	désir rêve
les éléments cosmiques	ciel soleil	cœur œil
les éléments de passage	mer (chevelure) eau	

Le meilleur exemple de ce processus selon lequel le gouffre peut s'ouvrir dans le cœur, d'une façon exactement parallèle au phénomène cosmique, est probablement PC V *Femmes damnées* 75–6

« (. . .) Je sens s'élargir dans mon être
Un abîme béant; cet abîme est mon cœur! »

Voir aussi FM XXX *De profundis clamavi* 2 (« Du fond du gouffre obscur où mon cœur est tombé »)[76] et la comparaison de FM XVIII *L'Idéal* 9 (« ce cœur profond comme un abîme »).

21. Le signe des yeux

Antoine 95 signale avec raison l'importance des *yeux* dans le champ sémantique du gouffre. Les FM combinent assez fréquemment les deux mots: « le gouffre de tes yeux » (FM XCVIII *Danse macabre* 37). Mais il importe d'ajouter que, structuralement, c'est par l'élément liquide que se fait cette combinaison. Ainsi FM XIX *La Géante* nous montre les yeux participant de la double nature de la mer: à la fois surface physique « humides brouillards qui nagent dans ses yeux » (v. 8) et profondeur morale: « Deviner si son cœur couve une sombre flamme » (v. 7), exactement comme dans FM XXVI *Sed non satiata*, où « ces deux grands yeux noirs » (v. 9) font entrevoir le gouffre du cœur (« soupiraux de ton âme » ibid.), tout en restant « la citerne où boivent mes ennuis » (v. 8) – ou comme les dangereux yeux verts de FM XLIX *Le Poison* comparés à la fois à des lacs-miroirs (v. 13) et à des

[76] On peut dire que ce poème représente une étape antérieure au sonnet du gouffre: c'est la description précise de la *situation concrète* où se trouve celui qui est déjà tombé dans le gouffre (cf. Hubert 119); elle s'inscrit ainsi dans le projet biographique caractéristique du recueil même des FM (voir infra sur la composition), tandis que le sonnet postérieur condense une *réflexion générale* sur la condition humaine placée sous le signe du gouffre.

« gouffres amers » (v. 15). Il semble précisément que les gouffres humides qui apparaissent, mais fuyants, dans les yeux aient le même statut ambigu que les gouffres de la mer: amers-doux, noirs-verts, verticaux-horizontaux; ils s'insèrent eux aussi dans la thématique de l'oubli et de l'évasion. De même que l'élévation établissait une voie du gouffre au ciel, ainsi les yeux essaient d'établir une liaison entre deux êtres.

Il va sans dire que ces remarques sont très loin d'épuiser la signification des yeux, mais elles suffiront à révéler là encore la dualité inhérente à tous les signes importants. Ainsi les profondeurs peuvent s'estomper, de sorte qu'il ne reste que la valeur surface-miroir. Dès lors les yeux peuvent, comme la mer, s'inscrire dans la thématique de l'idéal, en particulier celui qui tient à la beauté sculpturale: FM XVII *La Beauté* 12–14:

> « Car j'ai, pour fasciner ces dociles amants,
> De purs miroirs qui font toutes choses plus belles:
> Mes yeux, mes larges yeux aux clartés éternelles! »

Mais tout comme c'était le cas pour la mer, le gouffre couve toujours sous ces yeux dont la surface peut à tout moment se creuser: s'il est vrai que les yeux de FM XCVIII *L'Amour du mensonge* 17–20 « ne recèlent point de secrets précieux » (v. 18), ils n'en sont que plus inquiétants, car leur vide est de la même nature que le vide pascalien du macrocosme[77]: masque de l'infini, le vide recouvre la profondeur du gouffre:

> « Plus vides, plus profonds que vous-mêmes, ô Cieux. » (v. 20, cf. v. 4)[78].

Cette équivalence trouve son expression la plus saisissante dans le symbole des *yeux aveugles*: le ciel vide du macrocosme se répète dans le « noir illimité » des yeux éteints, microcosme marqué lui aussi par ce « silence éternel » qui prépare la voie au gouffre. V. FM XCII *Les Aveugles* 9–10 et 14

---

77 Voir supra p. 56.

78 A noter que, tout comme les gouffres célestes, ceux des yeux sont *silencieux*. Si le monde idéalement entrevu des correspondances et de l'harmonie est marqué par les sons, celui de la dure vérité existentielle, placé sous le signe de l'infini, ne permet pas la communication directe par la parole, mais seulement celle qui passe, transposée, à travers les yeux ou les autres attributs de la femme (le parfum, la chevelure, le sexe, etc.). On a souvent remarqué ce caractère aliéné de l'amour baudelairien dont on voit ici le rapport avec le gouffre.

22. Le signe de la beauté

Rien d'étonnant à ce que la beauté elle-même ne fasse que prolonger cette ambiguïté. Pas plus que les yeux, elle ne sera capable de stabiliser l'univers spatial, même si elle revêt la forme du monde pétrifié de la sculpture, de nature analogue à celui du miroir. Dans un chapitre intéressant, Hubert (p. 81 sqq.) analyse l'ambiguïté de la beauté selon le principe de la dualité polaire: la pierre de la beauté et la chair du désir, l'art et la volupté. C'est Baudelaire tout le premier qui nous a appris à le faire:

« La dualité de l'art est une conséquence fatale de la dualité de l'homme. » (*Le peintre de la vie moderne 1. Le beau, la mode et le bonheur*, Club 898). Cette dualité allie un élément éternel, essentiel, à un élément temporel, accidentel: « (. . .) le beau est toujours, inévitablement, d'une composition double, bien que l'impression qu'il produit soit une (. . .). Le beau est fait d'un élément éternel, invariable, dont la quantité est excessivement difficile à déterminer, et d'un élément relatif, circonstanciel, qui sera, si l'on veut, tour à tour ou tout ensemble, l'époque, la mode, la morale, la passion. » (ibid. Club 897.)

Il serait naïf, certes, de récuser le témoignage de Baudelaire, mais, appliqué à la structure poétique, le modèle dualiste se révèle insuffisant, parce qu'il en méconnaît la dynamique. En effet, l'art, la beauté présentent la même structuration tripartite que les autres grands signes que nous avons analysés et que l'on peut résumer ainsi:

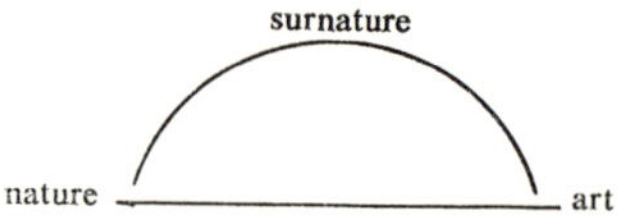

[79]

Dans un excellent exposé Burns 71 sq. a montré combien le signe de la beauté s'est compliqué de la $1^{\text{ère}}$ à la 2e édition[80]: les yeux éternels et froids de la statue ont appris à pleurer: Mais il y a plus. En effet, le système exigeait qu'on montrât aussi la *transition* entre art et non art, c.-à-d. la directionalité dynamique du signe. Comme l'atteste le mot sur l'ivresse de

---

[79] Hubert a intitulé le chapitre que je viens de citer de façon particulièrement heureuse: « Ambiguïtés surnaturalistes », mais la conception qu'il y expose de ces ambiguïtés baudelairiennes reste de caractère dualiste.

[80] Burns ne fait d'ailleurs que répéter (sans la connaître) la profonde analyse de Hans Sørensen, malheureusement publiée en danois, de l'*idéal* de Baudelaire. Hans Sørensen montre en particulier (pp. 239 sqq. et 248) combien Crépet et Blin se sont trompés sur la valeur attribuée par Baudelaire à la sculpture: elle n'est pas négative, mais double; l'art du sculpteur est de dépasser la pierre, c.-à-d. de rechercher la synthèse mystique.

l'art que j'ai cité au début de cette analyse (v. p. 27), la beauté peut abandonner la rigidité de la statue en adoptant un mouvement horizontal apparenté à celui de la fuite et de l'oubli. En outre, par le biais des yeux, le signe peut s'engager dans la même direction, puisque l'art apparaît dès lors comme un *miroir* qui aligne les objets transfigurés sur l'axe horizontal; v. FM XVII *La Beauté* 12–14. Finalement, abandonnant sa froideur, la beauté apparaît, p. ex. dans les poèmes sur la surnature, comme un organisme vivant, chaud et expansif. Nous obtenons ainsi la structure sémantique suivante:

1° beauté froide, verticale. Idéal
2° beauté froide, horizontale. Ivresse
3° beauté chaude, verticale-horizontale. Mystique

23. Concentration et expansion

Cette formulation nous permet de comprendre le sens général de la concentration et de l'expansion. Cette dynamique fondamentale de l'univers baudelairien, excellemment analysée par Richard 126 sqq. et Poulet. *Cercle*, 412 sqq. (qui traite de la vaporisation et de la condensation), engage la beauté dans les grands mouvements de l'univers et fait ressortir sa liaison avec le gouffre. Probablement est-ce FM XXIX *Une Charogne* qui nous fait assister de la façon la plus saisissante à cette dynamique vitale. Comme l'a bien montré Salvan 130, ce texte nous présente les deux directions de la beauté et leur rapport avec le problème qui nous occupe. Il y a d'abord la beauté horizontale de l'expansion (illustrée p. ex. par le sonnet des *Correspondances*) qui aboutit à une négativité par le fait même d'être liée à l'infini. Cette beauté est condamnée par là à s'autodétruire; passant et repassant de la décomposition et de la dissolution à la concentration et à la condensation (de nature transcendantale), elle tend à se maintenir dans la positivité parce qu'elle se place en dehors du temps. Or cette opposition est instable, car la dynamique fondamentale nous fait sans cesse glisser d'un axe à l'autre:

« Tout cela descendait, montait comme une vague,
    Ou s'élançait en pétillant;
On eût dit que le corps, enflé d'un souffle vague,
    Vivait en se multipliant. » (v.v. 21–24).

On voit facilement le rapport avec le gouffre et il importe de souligner la précaution de Baudelaire: « on eût dit ». En effet, la tentative que fait Baudelaire sur ce plan de construire une synthèse, c.-à-d. de créer un modèle cyclique, n'est pas moins aléatoire que les tentatives que nous avons constatées à l'intérieur du champ du gouffre. C'est le drame que l'on peut schématiser comme suit:

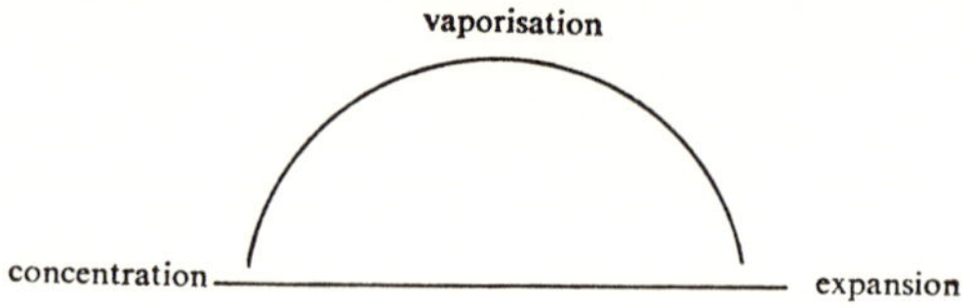

La vaporisation symbolise ainsi l'essai avorté d'unir le mouvement selon les deux axes dans un mouvement cyclique (échappant par là d'une part à la successivité du temps, d'autre part à la fatalité de la chute). Déjà au seuil du recueil, Baudelaire signale ce mécanisme:

« Sur l'oreiller du mal c'est Satan Trismégiste
Qui berce longuement notre esprit enchanté,
Et le riche métal de notre volonté
Est tout vaporisé par ce savant chimiste. »

(*Au lecteur* 9–12)

concentration métal	vaporisation avortée par la dégradation du mal,	expansion esprit enchanté
volonté	c.-à-d. par la force prédominante de l'axe vertical à directionalité descendante	bercement

Cette dynamique manquée parcourt le recueil tout entier. Elle se manifeste, liée précisément à la beauté, sous la forme de la *ligne sinueuse*, p.ex. dans FM XXVII « Avec ses vêtements ondoyants et nacrés . . . », où la danse cadencée de la femme-beauté paraît démentir la rigidité de la marche, la danse se développant selon une ligne sinueuse de nature cyclique. Or la stabilité ne

81 Cf. les remarques de Hubert 144 et la bonne analyse de Richard 149. Celui-ci attire l'attention sur le manque de stabilité de ce mouvement synthétique (p. 141), qu'il rapproche à juste titre de la fonction du *bercement* et du *balancement* si caractéristiques de l'harmonie mystique baudelairienne. Renvoyons aussi Poulet. *Cercle* 423 sqq. qui traite de la ligne sinueuse en opposition à la ligne droite. De l'alliance de ces deux mouvements surgirait le « symbole de l'homme complet » (op. cit. 425). Mais nous avons vu que cette opposition n'est pas tout à fait juste, puisque c'est la ligne sinueuse elle-même qui veut résoudre l'opposition entre verticalité et horizontalité. Cf. supra p. 52 n. 44.

s'acquiert qu'au prix de la vie et le poème se termine sur une note de rigidité, avec la majesté stérile, signe avant-coureur de l'attraction du gouffre[81], selon la figure suivante:

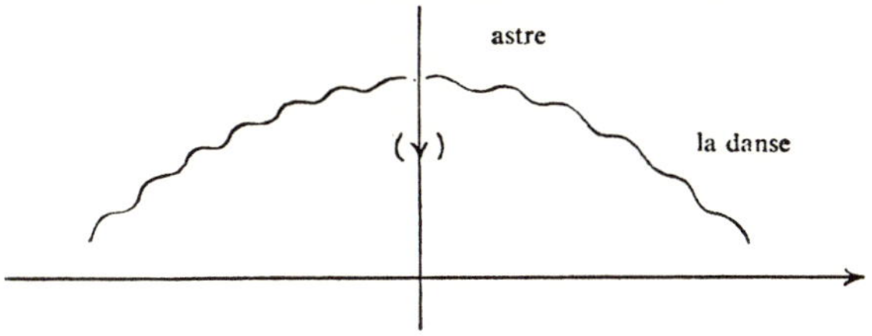

24. La sémantique trivalente des signes poétiques baudelairiens

Cette structuration tripartite imprègne toute l'idéologie baudelairienne et elle caractérise précisément la *religiosité* des FM. Le texte exprime à cet égard deux positions très différentes. D'abord nous rencontrons une conception mystique, essentiellement moniste selon laquelle la matière est une émanation de l'esprit. Ensuite le texte connaît un dualisme proche d'un véritable manichéisme, à partir de l'idée de la corruption de la nature et de son pouvoir destructeur; dans cette conception, la nature serait alors indépendante, principe sui generis. Entre ces deux extrêmes se place une pensée intermédiaire, un faible essai de synthèse qui tire sa force d'une analogie biologique: l'idéal et la nature se correspondraient l'un à l'autre comme l'âme et le corps (ou le microcosme et le macrocosme). L'intemporalité de l'idéal (aliénation totale) et le mouvement vers la mort se réuniraient ainsi dans un modèle vivant échappant à l'attirance du gouffre par son caractère cyclique[82]. Abusée par les nombreux passages où Baudelaire, « homo duplex », prône son dualisme des contraires avec la morbidité fracassante du dandy, opposant le mal et le bien, l'enfer et le ciel, la mort rigide et la beauté sinueuse, etc., la critique baudelairienne interprète normalement les mots clés des FM comme des signes *bivalents*: dans le cas du gouffre, l'exemple typique en est l'attitude de Guiraud. Or, je pense que mon analyse a montré l'insuffisance de tout modèle dualiste: *les signes poétiques baudelairiens ont une sémantique trivalente*. Réunissant deux contraires de valeur existentielle opposée, ils en tentent la synthèse. Nous avons ainsi eu l'occasion d'examiner les sous-systèmes suivants:

---

[82] Pour plus de précisions, v. Salvan à qui j'emprunte ce développement.

tranche du cosmos	valeurs à dominante positive (mysticisme) +	synthèse magique (où les contraires, sans perdre leur valeur, s'harmonisent) + ÷	valeurs à dominante négative (dualisme pessimiste) ÷
le domaine du gouffre	élévation	évasion	chute
l'éthique	concentration	vaporisation	expansion
le monde spatial	amour	sadisme	mort
l'esthétique	art	surnature	nature
la religion	monisme	magie	manichéisme
synthèse du signe baudelairien	art	amour	mort

C'est dans cette perspective que le critique norvégien C. V. Holst a essayé de défendre l'*unité* de Baudelaire. Partant notamment de FM XVII *La Beauté*, il dégage le dualisme de Baudelaire, qu'il définit comme l'opposition schizophrène entre l'aspiration humaine vers une beauté supérieure, et la conscience de la nature, du mal, de la mort. Selon Holst, Baudelaire réussit à fonder une pensée unitaire, basée sur la notion de surnature, qui réunit les contraires sans en renier les contrastes.

Or je pense que, sans être faux, le modèle de Holst est encore trop simple, parce qu'il est d'ordre purement logique, négligeant la perspective de la directionalité. En effet, la signification de ce modèle dépend dans une très large mesure du sens dans lequel s'opère la synthèse baudelairienne, c.-à-d. de sa dimension spatiale. Or, cette directionalité du signe baudelairien est remarquablement uniforme et doit ainsi traduire une constante profonde de la vision du monde qu'il implique. La synthèse se fait selon la formule $\boxed{\overrightarrow{+\ \div}}$. A partir d'une valeur positive sûre (le gouffre-oubli, la mer-voyage, l'expansion infinie, etc.), on tente de reconvertir la valeur contraire, en la redéfinissant à l'intérieur du macrocosme ou du microcosme. En d'autres termes, on essaie de substituer à un univers de structure *linéaire* (et à deux dimensions) un univers de structure *cyclique* (et sans dimension proprement dite). Pour saisir pleinement la nature du signe baudelairien, il convient toutefois d'observer que, ne constituant qu'une *tendance* du monde des FM, ce mouvement de reconversion reste fondamentalement *instable*.

Ainsi la trivalence poétique baudelairienne n'a rien à voir avec une formule logique, car elle est dynamique, ou *orientée*, savoir vers une synthèse dont la positivité est présentée comme aléatoire. On pourrait peut-être schématiser cette analyse de la façon suivante:

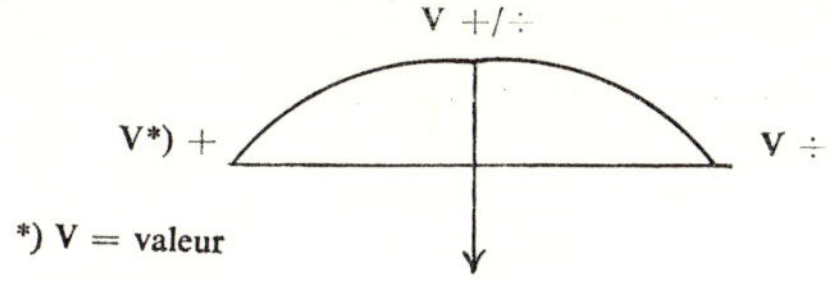

25. Conclusion: dualisme de Baudelaire?

Il est temps maintenant de revenir au gouffre. L'usage que font les FM de ce concept aurait d'ailleurs pu être défini à l'aide d'un artifice très simple; il suffirait, pour entrevoir l'ordre poétique, de poser la question suivante: qu'y a-t-il au fond du gouffre baudelairien? Immédiatement trois sortes de réponses se présentent:

1° le gouffre est vide, car il n'a pas de fond. Par conséquent il inspire la terreur et suggère l'imminence du non-être.
2° le gouffre, assimilé à l'enfer et à la mort, apporte l'oubli, c.-à-d. se termine sur une sorte de néant-ivresse, faisant entrevoir la possibilité d'un anti-être.
3° le gouffre a un fond, mais un fond « troué », c.-à-d. donnant accès à un monde plus vrai, p. ex. celui du souvenir.

Dès lors il est facile de voir que ces trois gouffres sont en réalité construits sur deux constantes logiques: a) la dimensionalité physique (du macrocosme); b) la dimensionalité morale ou valeur existentielle (le microcosme). Ces deux constantes sont organisées autour de deux qualités polaires:

dimensionalité	÷ vertical
	vs
	+ horizontal
vs	
valeur	÷ terreur
	vs
	+ oubli

Si l'on combine ces deux « dimensions », on obtient un système logique qui fait apparaître les qualités éthiques dont une telle pensée peut théoriquement doter les phénomènes humains, selon le tableau suivant:

dim. physique / dim. morale	verticalité (÷)	horizontalité (+)
terreur (÷)	÷ ÷	÷ +
oubli (+)	+ ÷	+ +

On constate que la positivité peut être forte: [+ +] ou faible: [+ ÷]; de même la négativité, forte: [÷ ÷], ou faible: [÷ +]. Or il appert que, dans cette perspective systématique, l'univers des FM est « défectueux »: il ne réalise pas toutes les possibilités logiques offertes par ses propres constituantes, et il ne les réalise pas non plus avec la même intensité. C'est ce que le tableau suivant nous montrera:

dimension physique / dimension morale	verticalité (÷)	horizontalité (+)
terreur (÷)	÷ ÷	
oubli (+)	(+ ÷)	+ +

Il y a ici une case vide et une case faiblement représentée. Les deux cases univoques sont pleinement réalisées: à la négativité pure correspond la vision *tragique* du monde, manifestée p.ex. dans un poème comme FM LXXVIII *Spleen.* A la positivité intégrale fait écho la vision *mystique* du monde, qui s'exprime le mieux dans le sonnet des *Correspondances.* Enfin la troisième case représentée dans les FM, où la note optimiste est tempérée de scepticisme cynique, condense la vision *synthétique* du monde, exemplifiée par un poème comme FM XXXIX « *Je te donne ces vers afin que si mon nom* ... ». Ce qui n'existe pas chez Baudelaire, c'est la négativité qui débouche sur une positivité, c'est *le gouffre qui conduit au salut*!

Voilà qui nous ramène au débat sur le secret ultime de la vision baudelairienne. La « défectuosité » même du tableau certifie que Baudelaire n'est ni un vrai dualiste, (ce qui stipulerait un inventaire limité aux deux cases homogènes et opposées: [÷ ÷] / [+ +]), ni un vrai « synthétique », pour qui le gouffre renfermerait Dieu et Satan à la fois (ce qui exigerait un tableau complet)! Son système est « boiteux », puisqu'il laisse dans son univers mental une possibilité inexploitée, celle de la *terreur horizontale.* Cela aurait été fâcheux pour un philosophe, mais les FM ne constituent pas un système idéologique abstrait, elles créent une vision du monde dynamique, c.-à-d. imaginée, non du point de vue de la logique, mais de celui d'une vie concrète: les FM sont le récit d'un drame spirituel, comme l'étude de la composition va nous le montrer. Ainsi le manque d'équilibre logique ne marque pas une déficience de pensée, mais signifie que ce système n'a de sens que lié à l'existence concrète, c.-à-d. au *mouvement* de la vie: c'est un système *orienté* vers la synthèse, mais *déchiré* entre une positivité et une négativité très fortement affirmées! En effet on remarque que cette orientation est fragile, puisque la case ambivalente, celle de l'oubli vertical (| + ÷ |), est faiblement représentée dans le recueil. A partir de ces observations il serait peut-être possible de déterminer, avec moins d'approximation, la nature de ce « flou contrôlé » qui fait un des charmes de l'ambiguïté du langage des FM.

Il s'en faut de beaucoup que cette étude soit complète. En particulier il faudrait relever l'importance du signe de la *peur* qui nous permettrait d'approfondir la connaissance du microcosme baudelairien dont je n'ai fait que signaler quelques points de repère. Peut-être pourrions-nous, malgré tout, résumer les connaissances acquises dans la figure suivante:

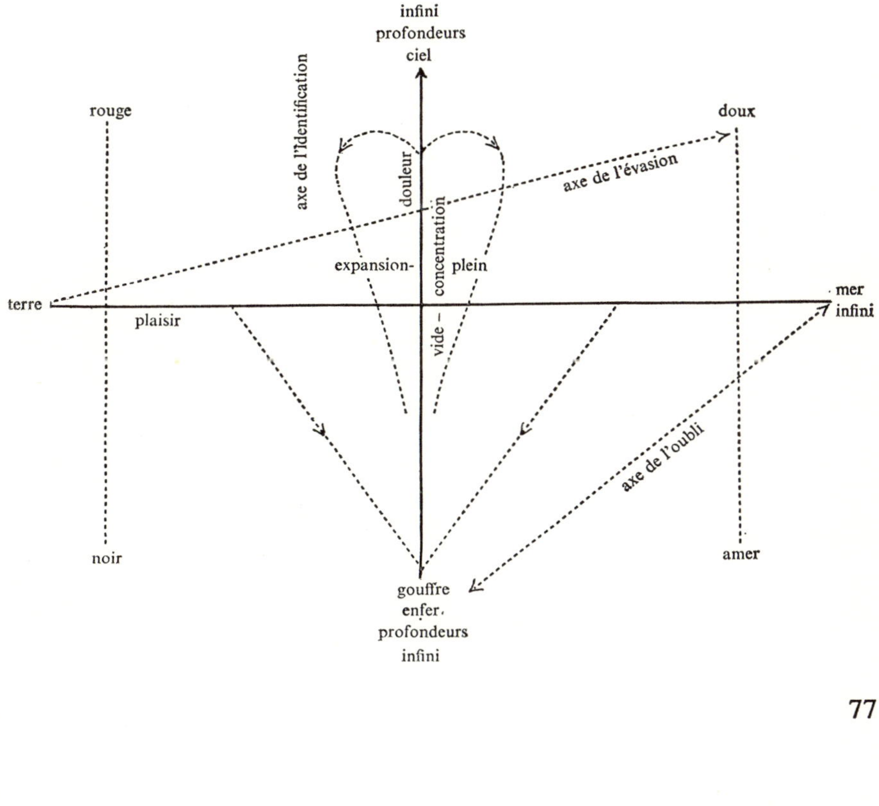

« Pascal avait son gouffre » inséparable de son cœur comme l'ombre de son corps. De même Baudelaire. Son gouffre s'appelait la peur, dont le caractère le plus saillant, et le plus menaçant, était sa *dynamique*. Ce qui suivait Baudelaire partout n'était pas la conscience d'un trou noir (ou illuminé), mais la *sensation de tomber*, d'être pris par le vertige, de s'enfoncer, de disparaître (p. ex. dans la fumée d'une pipe), etc., toutes actions dérivées du sentiment fondamental de la peur. Terminons cette analyse par le « confiteor » non de l'artiste, mais de l'homme qui, dans une lettre à sa mère du 13 décembre 1862, rédigée donc peu après la parution de la 2e édition des FM, révélait cette angoisse qui formait le fond de son existence:

> « On t'a dit que je me portais bien? aucune de mes infirmités ne m'a quitté; ni les rhumatismes, ni les cauchemars, ni les angoisses, ni cette faculté insupportable d'entendre tous les bruits me frapper dans l'estomac; – ni la peur, surtout; la peur de mourir subitement, la peur de vivre trop longtemps, la peur de te voir mourir, la peur de m'endormir, et l'horreur de me réveiller (. . .). »

CHAPITRE II

Composition et décomposition: l'ordre cyclique des FM

1. Introduction: composition systématique ou groupement thématique?

Nous venons de voir que la constituante dynamique essentielle de l'univers imaginaire de Baudelaire est la *courbe descendante*. Il convient maintenant d'examiner dans quelle mesure cette figure sous-tend l'organisation, non plus de l'« espace systématique », mais de l'« espace consécutif », c.-à-d. de chercher à savoir si la succession des poèmes est dirigée par un principe analogue. De prime abord il faut s'attendre à une telle homologie puisque l'ordre matériel, sur le plan de la successivité, manifeste normalement la démarche spirituelle du poète sur le plan de sa vision du monde. Mais l'homologie n'est pas assurée par une loi de la nature: il se pourrait, p. ex., que le poète rompe cet équilibre pour exprimer un désaccord entre un système idéal et ses possibilités de réalisation. Reste à savoir si le problème n'est pas totalement oiseux: comment savoir si la succession même des poèmes des FM implique un sens?

Je n'aborderai pas ici la question élémentaire de savoir si le recueil des FM doit se lire comme un ensemble dont le sens complet ne s'obtient qu'à travers la combinaison des parties ou, au contraire, comme une juxtaposition de pièces plus ou moins isolées. Il me paraît impossible de douter de l'*intention* de Baudelaire qui affirme, à maintes reprises, que son recueil possède une véritable composition d'ensemble, tant dans des textes destinés au grand public (*Notes et documents pour mon avocat* (Adam 254, cf. p. 255): « Le livre doit être jugé *dans son ensemble*, et alors il en ressort une terrible moralité. ») que dans des confessions faites aux « happy few » (lettre à Vigny de 1861 (Adam XIV): « Le seul éloge que je sollicite pour ce livre est qu'on reconnaisse qu'il n'est pas un pur album, et qu'il a un commencement et une fin. »)[1]. Si besoin était, cette intention serait irrécusable-

[1] Voir la discussion de tous ces témoignages dans Feuillerat 221–22, Sørensen 223 et 230 et Mossop 1–9. Cf. Ruff 282–83 et 331–34.

ment prouvée par le travail de remaniement et d'élargissement[2] qui précède la 2e édition (à titre d'exemple on peut penser à FM XXIX *Une Charogne*). J'aurai souvent l'occasion d'y revenir par la suite. Les confessions intimes confirment, sur ce point également, l'intention du poète (lettre à sa mère du 1er avril 1861): « J'avais pris soin de te noter, à la table des matières, tous les morceaux nouveaux. Il t'était facile de vérifier qu'ils étaient tous faits pour le cadre. »

Il reste que, tout sincère qu'il était indiscutablement dans ses affirmations, Baudelaire, dont la faiblesse pour la formule cassante et outrée est bien connue – disposition exacerbée, du reste, par le procès d'immoralité fait à son livre et par son sentiment grandissant d'être mis au ban de la société – a pu aller plus loin que ne l'autorisait son texte. En fin de compte, le débat se réduit donc à la question de savoir si Baudelaire a bien réalisé son projet. Même les plus sceptiques des critiques, dont Antoine Adam pourrait bien être le chef de file, admettent l'existence, dans les FM, d'une « composition », sans toujours qu'on sache ce qu'ils entendent par ce terme protéiforme. Pour Adam XV il s'agit simplement d'une *disposition thématique intermittente*: « Disons, beaucoup plus modestement, que le poète a voulu organiser des matériaux divers, a fait effort pour grouper, pour lier entre elles des pièces d'abord isolées, les disposer en vue de la plus grande efficacité. » En revanche, Burns I 15 n'hésite pas à dégager « a definite dramatic movement in *Les Fleurs du Mal*. The book is a record of the poets journey through life, and the stages of this journey are clearly visible (. . .) »[3].

A n'en pas douter, l'existence même d'opinions si opposées révèle, chez la critique, une insuffisance grave des instruments et de la terminologie. Le malentendu tient probablement à la tendance trop répandue de confondre groupement logique (thématique) et ordre temporel (compositionnel au sens strict). Il faut dire que Baudelaire ne nous a guère facilité les choses[4], puisque les divisions qui jalonnent son recueil paraissent de prime abord de nature thématique: poèmes parlant de l'idéal, du spleen, du vin, etc. Si tel était le cas, il serait licite d'en conclure à l'importance des concepts mis en valeur par ces titres et par ces groupements de poèmes. Un tel point de vue nous

---

[2] L'édition de 1861 comporte 127 pièces; celle de 57, 101. Comme les six pièces condamnées ne figurent pas dans l'édition de 61, un total de 32 pièces nouvelles (35 si l'on compte séparément les quatre sonnets de FM XXXVIII *Un Fantôme*).

[3] A noter que les deux critiques parlent de la seule première édition.

[4] Nous retrouvons ici la technique poétique baudelairienne si caractéristique qui consiste à « brouiller les cartes ». Nous y reviendrons à l'occasion de son idéal de beauté, v. p. 96.

ramènerait à l'analyse systématique, mais ne nous autoriserait pas à chercher le sens de la succession des pièces isolées. Rien n'empêche, cependant, d'interpréter ces mêmes divisions comme les temps forts, les grandes étapes d'une évolution continue à travers le déroulement du recueil dans son ensemble.

2. Macrosigne et microsigne

Pour ne pas retomber dans la vieille confusion de thème et de composition – et pour contribuer peut-être à lever ce malentendu de la critique – il me faudra d'abord présenter en peu de mots quelques notions dont on peut user sainement dans une analyse de composition poétique: le macrosigne et le principe compositoire.

Un recueil poétique comporte deux sortes de signes. Le *microsigne* est l'unité minimale pourvue d'un sens indépendant (correspondant au niveau linguistique du mot). Comme nous l'avons vu dans mon premier chapitre, cette entité, le signe poétique (qui correspond en gros au concept d'*image* de la critique traditionnelle), peut figurer dans tous les contextes, aussi bien larges que réduits, indépendamment de l'ordre de ces contextes. Le *macrosigne* en revanche est l'unité maximale pouvant communiquer un sens spécifique (correspondant au niveau linguistique de la proposition). Il est constitué en partie[5] de microsignes, mais ne se confond pas avec la simple *combinaison de microsignes* que la critique littéraire appelle habituellement *thème*, mais dont le statut est, par ailleurs, très variable. Parfois le thème se présente comme une sorte de mini-macrosigne qu'on pourrait comparer au syntagme linguistique; plus souvent la critique s'en sert pour désigner un simple cumul de signes poétiques, cumul dont la cohésion logique reste intermittente. En ce sens, la combinaison de microsignes ne constitue pas un signe d'un ordre particulier, puisqu'elle se laisse toujours réduire en un nombre déterminé de signes (exemples baudelairiens: le thème de l'*évasion* ou celui de *homo duplex*). En revanche, cette opération de réduction ne s'applique pas au macrosigne, car l'ordre dans lequel les microsignes entrent dans le macrosigne n'est plus *logique*, c.-à-d. réversible et décomposable,

[5] Il importe de noter, que, dans le macrosigne, entrent aussi tous les *éléments de liaison*, y compris les objets représentés qui n'ont pas accédé à la dignité de vrai signe poétique. Mais comme le sens de ces éléments est orienté par les signes qui dominent leur contexte, il est bien évident que, finalement, seuls ces derniers sont vraiment déterminants pour l'interprétation des macrosignes: sans microsignes, pas de macrosignes!

mais *temporel*, basé sur la succession des poèmes. Le macrosigne est donc irréductible: il faut le comprendre tel qu'il se présente, et sa structure doit être saisie par l'analyse des combinaisons dans lesquelles il entre avec d'autres macrosignes. Dans les cas extrêmes, les relations établies entre les macrosignes seront dirigées par un principe unique, que j'appellerai le principe compositoire. Le reste du temps, la suite des macrosignes n'est pas régie par une seule relation supérieure: le recueil se scinde alors en plusieurs séquences indépendantes.

Il me reste à préciser un dernier point: le rapport entre l'étendue typographique et le macrosigne. Evidemment l'*étendue matérielle* du macrosigne est variable, tout comme l'étendue logique du microsigne, et si on analyse un seul poème, l'étendue sera faible. Cependant, dans la présente analyse, je ne m'attacherai qu'exceptionnellement à une unité inférieure à celle que forme le poème. Normalement, les rapports de succession ne vont pas d'une partie de poème à une autre partie de poème, mais d'un poème en son ensemble à un autre poème. C'est ce que les poètes nous signalent expressément en laissant des blancs entre les poèmes et, souvent, en leur donnant un titre, dont la fonction peut parfois se réduire à signaler le début du texte (comme on signale, en dictant: à la ligne!). Baudelaire, lui, est allé jusqu'à numéroter ses pièces, indice de composition quelque peu négligé par les critiques[6]. Ensuite, les macrosignes que sont les poèmes peuvent entrer à leur tour dans d'autres macrosignes, les groupes de poèmes. Si le problème de la composition baudelairienne a suscité tant de débats, c'est sans doute que Baudelaire a donné des titres à quelques-uns de ces groupes, titres qu'il faut expliquer puisqu'ils appartiennent au texte poétique au même droit que la pièce isolée. Cependant, à l'intérieur de ces grands « chapitres », il y a aussi des groupes de poèmes non signalés par des titres (ou des blancs). Inversement, on peut constater que le titre (ou le blanc) n'assure pas en lui-même le statut de macrosigne au groupe de pièces qu'il introduit, puisqu'il pourrait simplement signaler une juxtaposition thématique de microsignes, laquelle n'impliquerait pas le groupe « titré » dans une relation de successivité avec d'autres groupes au même niveau. Il reste que le titre est un indice important de l'existence d'un tel rapport. A en juger par ce genre d'indices, nous avons ainsi l'inventaire suivant de macrosignes à l'intérieur des FM:

1) parties (marquées matériellement par Baudelaire)

---

[6] Quand le titre manque, ce qui n'arrive que 9 fois sur les 127 pièces de l'édition de 61, le numéro assure ainsi cette fonction de signal de début.

2) cycles et séries[7] de poèmes (non signalés comme tels par Baudelaire)
3) poèmes séparés par les numéros, les titres, etc.)
4) parties de poèmes (parfois marquées par Baudelaire: les divisions strophiques).

3. Le retour périodique des thèmes

Si la division typographique n'est qu'un indice, par quel moyen peut-on alors signaler l'existence (l'étendue) des macrosignes? A cette fin il nous faut un procédé qui, tranchant sur la succession, permette d'y opérer des coupures; nous devons être persuadés que la succession des poèmes ne représente pas une simple accumulation due au hasard (ou à des coupures typographiques peut-être fantaisistes). Chez Baudelaire, l'existence du macrosigne est assurée par un procédé à deux temps: d'abord, on constate que certains poèmes qui se suivent traitent du même thème; ensuite, le statut de macrosigne de ces groupes est assuré par ce qu'on pourrait appeler le *retour périodique des thèmes*. C'est à dessein que j'utilise ici un terme qui rappelle le procédé adopté par *Balzac* pour constituer une cohésion organique entre les 'membra disiecta' de sa vaste comédie. Du point de vue compositionnel en effet, le parallélisme entre les deux auteurs est frappant. Leur idéal esthétique est sans aucun doute le grand ensemble romantique qui renferme en une seule œuvre l'existence tout entière. Cependant, leur conception de la nature de cet ensemble ne s'est formée que chemin faisant, de sorte qu'ils ont dû, souvent, introduire l'« ordre » après coup, une fois la majorité des romans ou des poèmes déjà rédigée. Aussi leur œuvre définitive trahit-elle par endroits une conception plus traditionnelle, moins organique et plus logique, de la composition romanesque ou poétique. Ils ont dû aussi soumettre leurs

---

[7] J'emprunte ce terme à Hans Sørensen. Plus général que 'cycle', il convient mieux aux groupes de poèmes plus abstraits (v. p. ex. la série de la sagesse), et fait plus clairement apparaître que le principe de la composition se trouve dans le découpage de la linéarité du récit. En revanche, les grands groupements des FM étant presque toujours régis par un principe non linéaire, le terme de 'cycle' peut paraître préférable dans le contexte baudelairien. Or, dans les cas où un 'cycle' est subdivisé en groupes de poèmes, nous constatons que ces groupes sont le plus souvent disposés selon un principe purement linéaire (thématique). Je proposerai donc de réserver le terme de 'série' à ces séquences minimales, tandis que le terme de 'cycle' sera réservé aux groupements d'une ou plusieurs séries. Enfin j'utiliserai le mot de 'groupe' comme terme neutre, désignant souvent le groupement thématique de plusieurs cycles (p. ex. le groupe des cycles de l'amour).

premiers textes à d'innombrables corrections pour leur permettre de mieux s'adapter à la place qui leur était assignée dans le 'grand œuvre'.

D'ailleurs, à bien des égards, les divisions baudelairiennes manifestées par le titre des parties ont le même statut que les classifications de la *Comédie humaine:* groupements à mi-chemin entre l'ordonnance logique et la séquence existentielle. On retrouve dans ces titres le même souci de réconcilier la réalité et l'idéal: ce sont des « chapitres » de l'histoire de la vie aussi bien que de l'esprit de l'homme. Comparez: « Splendeurs et misères des courtisanes » et « Spleen et idéal » ou « Scènes de la vie de province » et « Tableaux parisiens ». Notons finalement que, dans les deux ensembles, le rapport du personnage au temps physique est le même. Les personnages balzaciens ont une histoire « épique » (comprise dans une succession chronologique), mais dans la présentation romanesque, celle-ci est entrecoupée, les personnages réapparaissant à différents moments de leur carrière dans différents romans; chez Baudelaire, bien que l'ordre poétique préserve des restes de l'ordre chronologique, comme nous le verrons plus loin, le poète dispose ceux-ci pour les faire correspondre à l'ordre philosophique, et les mêmes thèmes réapparaissent à différents endroits du recueil[8].

Bien sûr, comparaison n'est pas raison, et force nous est de définir la fonction de ce retour périodique des thèmes. Son existence même ne fait aucun doute. Austin entre autres, a bien vu le procédé, p.ex. p. 100, où le critique anglais signale comment FM VIII *La Muse vénale* reprend ironiquement FM VI *Les Phares*: « Ici encore, c'est par une de ces reprises systématiques qui jouent un si grand rôle, presque celui du *leit-motiv* wagnérien, dans la structure du recueil. » Il faut ajouter dès maintemant que la composition cyclique n'est pas seulement assurée par cette technique du *rappel*, mais qu'elle s'appuie aussi souvent sur le procédé inverse, la *préfiguration*: dans un groupe donné, le poète place un poème qui cadre imparfaitement avec le reste des poèmes du groupe, mais qui, en revanche, préfigure l'un des grands thèmes d'un groupe postérieur[9]. Ces deux procédés aboutissent évidemment au même résultat: celui de briser la ligne droite de la successivité pure, comme l'illustre la petite figure suivante:

[8] C'est dans le sens de cette analogie compositionnelle qu'il faut lire le mot connu sur Balzac: « C'est un grand homme dans toute la force du terme; c'est un créateur de méthode et le seul dont la méthode vaille la peine d'être étudiée. » (*Les contes de Champfleury*. Club 1213).

[9] Voir p. ex. le rôle de XXX *De profundis* à l'intérieur du cycle de la Vénus noire, infra p. 115.

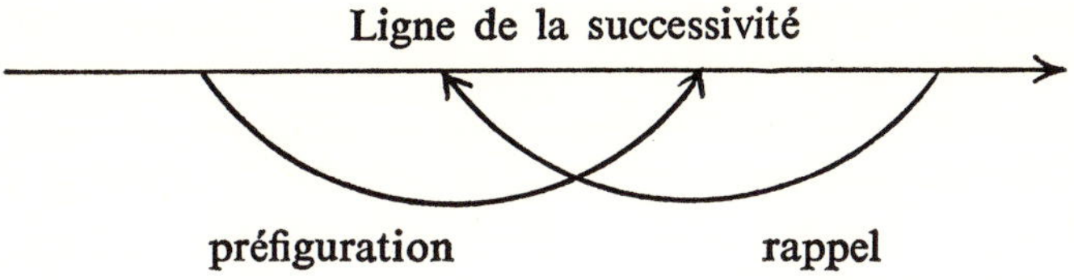

Ces « irrégularités » logiques[10] sont enfin à rapprocher de la technique de l'*estompement des transitions*: comme il est souvent difficile de déterminer avec rigueur à quel moment on passe d'un groupement thématique à un autre, le lecteur est constamment obligé de revenir en arrière ou de jeter un coup d'œil vers ce qui suit avant de pouvoir saisir les rapports multiples qui unissent les groupements du recueil.

4. Les principes compositoires

Une comparaison entre la première et la deuxième édition va nous montrer comment Baudelaire évolue d'une conception linéaire de la composition à une conception cyclique. Cependant, avant d'aborder cette analyse, je crois utile de placer quelques mots sur ces concepts mêmes de linéaire et de cyclique, c.-à-d. sur quelques traits généraux des *principes compositoires*. La disposition d'un recueil de poésie peut reproduire le cheminement de la vie ou se conformer à une réflexion de l'esprit, ou bien être conçue selon la volonté d'amalgamer ces deux démarches. Nous pouvons donc être confrontés avec trois principes compositoires fondamentaux:

1) le *principe thématique*, que l'on pourrait aussi appeler logique, puisque la successivité (la matérialité du discours) n'offre aucun point de repère à la classification, laquelle repose uniquement sur une saisie de l'esprit. La successivité sur laquelle opère ce genre de classification est donc atemporelle.
2) le *principe existentiel*: d'une façon ou d'une autre, le discours du récit reproduit le déroulement de la vie. Empruntant sa structure au temps physique, sa successivité est d'ordre essentiellement linéaire. Le seul genre de point de repère possible dans cet ordre compositionnel est la conformité entre la ligne du discours et celle de la biologie. Si la conformité se rompt, nous passons au troisième ordre.

10 Pour le rapport de cette particularité avec le « beau bizarre » baudelairien et avec le principe de l'estompement, voir infra p. 96 sq.

3) le *principe cyclique.* Combinaison des deux principes précédents, ce groupement est partiellement logique, partiellement existentiel, car les ruptures de l'arrangement linéaire ne se justifient que par le souci d'y installer un sens idéologique. Aussi successivité et temps ne se confondent-ils plus, la dimension temporelle du récit devenant le lieu où déroulement linéaire et réarrangement logique se rejoignent et s'harmonisent selon un principe supérieur. Ce troisième mode fournit donc la composition la plus claire et la plus complète.

Il va de soi qu'on peut compliquer chacun de ces points 'ad libitum'. Ainsi le principe logique qui est le principe fondamental de tout recueil poétique simple peut donner lieu à nombre de figures géométriques ou favoriser tous les jeux numériques[11]; le principe existentiel, qui est surtout le fait du récit fictif, peut aller jusqu'à l'organisation dramatique; et, quant au principe cyclique, les possibilités figuratives, qu'elles soient empruntées à la géométrie ou à la biologie, sont proprement illimitées. Cependant, dans ce qui suit, je me contenterai de voir ce qu'il en advient dans les FM.

Or, le curieux est que Baudelaire utilise les trois principes à la fois! Le troisième principe régit la partie la plus importante des FM, *Spleen et Idéal,* tandis que le deuxième explique l'arrangement de la collection en son entier. Enfin le premier ordonne la composition interne des autres parties. Il me semble qu'une telle conception compositionnelle permet de saisir avec netteté les intentions qui gouvernent les modifications successives que le poète a apportées à son texte. Ainsi la deuxième édition a surtout été modifiée pour correspondre au principe cyclique, tandis que la première était plus étroitement dominée par le principe existentiel. Enfin, les amplifications prévues pour la troisième édition étaient surtout destinées, je crois, à combler les

---

[11] Dans une conférence de 1971, Hans Sørensen a essayé de regarder l'arrangement de *Spleen et Idéal* comme déterminé par de tels principes numériques. Selon lui, le chiffre 21 en fournirait la clef: la série (= le groupe dans ma terminologie, v. p. 7 bis) de l'idéal comporterait 21 poèmes (de I à XXI), celle de spleen 21 (de LXV à LXXXXV) et celle, de l'amour 43, subdivisés 21 – 1 – 21! Selon un autre principe numérique, on pourrait aussi diviser cette série en trois parties moins « régulières »: 1) Spleen/Idéal: 18 poèmes (de XXII à XXXIX); 2) Idéal: 7 (de XL à XLVI); 3) Idéal/Spleen: 18 (de XLVII à LXIV). Nombre de raisons m'empêchent d'adopter ce système. D'abord une considération d'ordre général: l'horreur de B. pour la symétrie parfaite (v. p. 30 n.); ensuite l'impossibilité où je suis d'accepter, dans le détail, les découpages que cette symétrie présuppose. V. p. ex. infra p. 129 la discussion sur la place de XLV *Les Tristesses de la Lune.*

lacunes thématiques. Il est vrai que nous n'avons pas de témoignages vraiment concluants à ce sujet[12].

5. Composition biographique, composition dramatique

Cependant la critique est loin d'être unanime sur la présence même du principe existentiel dans la première édition. Albert Feuillerat s'est appliqué à dégager la cohésion *logique* de cette œuvre, tandis que C. A. Burns I 15 y a vu l'embryon d'une structure *dramatique*: « It would no doubt be fanciful to see in the division of the work into five sections anything resembling the pattern of a five-act tragedy, but there is nevertheless a definite dramatic movement in the *Fleurs du Mal.* » (cf. la citation supra p. 80).[13]. A mon avis, il est aussi faux de vouloir emprisonner le livre de Baudelaire dans un modèle dramatique (ou épique) que de le réduire à un album poétique. Dès la première édition, Baudelaire tente de concilier les deux points de vue en esquissant une sorte d'autobiographie spirituelle (entreprise bien romantique): il ne veut pas décrire une existence, mais tracer les grandes lignes de l'itinéraire d'un esprit, tracé qui ne coïncide que très partiellement avec la progression biographique. Cependant, pour que cette analyse, qui rapproche le projet initial de Baudelaire de certaines expériences romanesques, soit valable, il faut relever l'importance du '*je*' *lyrique*. En effet, le discours des FM ne saurait en aucune façon être assimilé à celui d'une narration, c.-à-d. à la relation du roman traditionnel à la troisième personne. Même dans les poèmes nettement biographiques, il y a toujours deux 'je': celui qui a vécu l'expérience narrée et celui qui en parle, qui l'interprète.

Ajoutons qu'il ne saurait non plus être question de la situation narrative de récit traditionnel à la première personne, car le 'je lyrique' (celui du « narrateur ») est partout présent, le poète intervenant à tout moment, confondant inextricablement situation existentielle présente et événement sentimental passé. Le procédé lyrique apparaît nettement p. ex. dans FM IX *Le Mauvais moine*, ou FM X *L'Ennemi.* Ainsi la démarche « romanesque »

---

12 L'arrangement de la troisième édition qui parut en 1866, grâce aux bons offices d'Asselineau et de Bouville, est à écarter. Voir Feuillerat 321. Mais il a existé un exemplaire de la 2e édition – malheureusement perdu – dans lequel Baudelaire avait intercalé onze pièces qu'il destinait évidemment à une troisiéme édition. Voir l'excellente analyse de Feuillerat 323 sqq. qui va dans le sens d'un renforcement thématique du pessimisme baudelairien. Ruff 359 est à peu près du même avis.

13 Feuillerat 286–87 s'oppose de façon très nette à ce point de vue: « Rien n'est plus faux que de lire dans les Fleurs du Mal un drame (...). »

de Baudelaire se rapprocherait davantage de celle d'un Proust: le passé événementiel et sentimental n'y existe que dans la mesure où il peut servir à éclairer le présent, à apporter une cohésion existentielle au 'je lyrique' qui se cherche[14].

C'est à partir de considérations analogues sur les différences entre l'expérience du poète Baudelaire et l'expérience du « poète héros » à l'œuvre dans les FM, que *Mossop* entrepend de revaloriser l'interprétation dramatique d'Austin (reprise deux ans plus tard, mais indépendamment de Mossop, qu'il ne semble pas connaître, par *Burns*). Ecartant à juste titre l'idée d'un récit autobiographique qui aurait pour protagoniste Baudelaire lui-même, Mossop constate que le 'poète héros' représente la « jeunesse moderne » (v. op. cit. 16), engagée dans l'universelle quête du bonheur. Ainsi, il envisage les FM comme une tragédie en six actes, correspondant aux six parties, dont le sujet serait la lutte pour échapper au Spleen en atteignant un Idéal. Lutte toujours déçue: à chaque fois que l'esprit s'élève vers l'Idéal, l'énergie pour se maintenir dans un état de bonheur fait défaut et l'homme retombe dans le Spleen. Mossop a très bien vu que chaque partie des FM reproduit au moins un 'cycle' de cette nature, et l'originalité de son travail est de montrer la *cohésion logique* qui relie entre elles les tentatives successives pour échapper au Spleen, selon un schéma à la fois simple et ingénieux:

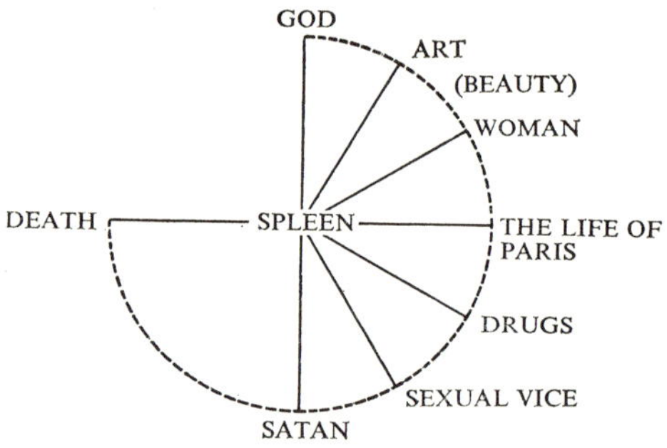

[14] Inutile de préciser que le sens ultime de ces deux recherches sur la force du temps humain diffère du tout au tout. Si le souvenir proustien permet au 'je lyrique' d'atteindre une plénitude vitale unique, la recherche baudelairienne qui, un moment, s'était leurrée en creusant le souvenir pour surmonter, elle aussi, le temps biologique, et s'élever jusqu'à une surnature mystique, aboutit finalement non à une plénitude, mais à une *réduction*: le souvenir rétrécit le réel, et en voulant l'atteindre n'étreint qu'une nuée, un parfum, qui n'arrive pas à voiler l'horreur du gouffre-néant. Il est logique, dans la perspective de la biographie spirituelle, que le dernier poème du recueil trace ainsi le bilan négatif de la recherche baudelairienne: « Ah! que le monde est grand à la clarté des

Malgré sa forme circulaire, ce modèle est en réalité linéaire: poussé par un seul mobile constant (la peur du Spleen), le poète héros s'engage dans les étapes successives de sa quête vers un état de non-Spleen. Ainsi le modèle ne présente qu'un aspect particulier de la composition, faisant abstraction de son caractère *récurrent* et de sa dynamique dialectique; or celle-ci inscrit la démarche du poète dans une oscillation permanente sur l'axe défini par l'opposition Idéal-Spleen, démarche dont le vrai sens est une tentative de joindre l'extérieur et l'intérieur, de maintenir le poète héros en équilibre entre les forces narcissiques, qui l'attirent vers son abîme intérieur, et les forces aliénatrices, par lesquelles le monde extérieur menace d'écraser son moi. De toute façon le travail de Mossop illustre la nécessité primordiale de l'analyse structurale en matière de composition. Examinant uniquement le *sens* de la disposition des poèmes (et non pas ses principes structuraux), Mossop n'en dégage qu'un côté, n'échappant pas entièrement au particularisme arbitraire de toute interprétation isolée de la substance poétique. C'est sans doute une lecture trop exclusivement linéaire qui fait méconnaître à Mossop l'importance des cycles qui s'intercalent entre les trois cycles d'amour « personnels » et celui de Spleen, de même qu'elle lui impose une lecture ironique (!) du cycle de l'ange (op. cit. 149). Cf. infra p. 103.

6. Le changement de principe compositoire de la première à la deuxième édition

Cela dit, la valeur du recueil de 1857 en tant que récit autobiographique spirituel se révèle pleinement. Le poème liminaire, par lequel le 'je lyrique' se propulse en quelque sorte dans le monde du 'il', présente l'œuvre comme une *confession*[15]; non comme un épanchement direct et immédiat, mais comme une réflexion méditée qui réarrange les péchés vécus dans une intention morale. Suit la confession dont le cadre est totalement biographique, puisqu'il s'ouvre avec la naissance du poète: FM I *Bénédiction* – poème qui

---

lampes!/Aux yeux du souvenir que le monde est petit. » (FM CXXVI *Le Voyage* 3–4). En fin de compte, la différence tient, comme le signale Poulet. *Cercle* 404 et 408, au fait que l'expérience proustienne de l'identité d'essence entre des moments séparés est intermittente, tandis que le souvenir actualisé baudelairien n'arrive jamais à masquer l'abîme temporel qui sépare les deux moments réunis dans l'extase: l'écoulement du temps reste la condition fondamentale et inéluctable de toute la réflexion baudelairienne.

15 Cela explique d'ailleurs que Baudelaire y emploie un « nous » de valeur universelle: par la confession le pénitent s'intègre dans la grande communauté des pécheurs!

brosse aussi à grands traits l'enfance maudite du futur Elie – et se referme par un chapitre sur la mort. Entre ces termes, se situe l'exposé d'une expérience humaine où les seules étapes de la vie physique sont réarrangées en vue de représenter le déroulement d'un processus vital.

La deuxième édition, qui ajoute trois poèmes au chapitre final, renforce considérablement son aspect biographique et son rapport avec le début des FM. En 1857 le chapitre était tout impersonnel, et sa composition restait d'ordre « thématique »; le moi lyrique avait disparu derrière la dissertation morale. Ainsi FM CXXIII *La Mort des artistes*, poème final de la première édition, parlait *des* poètes: s'il commence à la première personne (v. 1), il aboutit à une description neutre à la troisième personne (v. 14), en passant par le nous universel (v. 5). En 1861, en revanche, *le* Poète ne se cache plus: il s'agit bien de *sa* mort qu'il invoque ardemment pour lui-même: FM CXXIV *La Fin de la journée* (v. 8 sqq.). Ce caractère personnel devient surtout explicite dans la nouvelle grande pièce terminale: FM CXXVI *Le Voyage*[16]. Ce n'est évidemment pas un hasard si ce long adieu[17] débute par un rappel de l'enfant élu de *Bénédiction*, rappel qui renforce encore la fonction de cadre biographique des deux textes:

> « Pour l'enfant, amoureux de cartes et d'estampes,
> L'univers est égal à son vaste appétit. »
> (v. 1–2).

Cependant ce rappel, s'il est très personnel, souligne aussi que la deuxième édition est beaucoup plus composée que la première, et surtout que le principe fondamental a changé, car un tel rappel ne peut guère s'expliquer

---

16 Baudelaire résoud ici curieusement un problème général de tout récit autobiographique: comment le « je » parlant peut-il narrer la mort de son personnage principal qui est lui-même! Si le poète peut en quelque sorte envisager sa propre mort, c'est parce que, chemin faisant, il a présenté son récit comme un itinéraire spirituel; c'est donc le 'je lyrique' qui voit mourir son double, le 'je' de l'expérience parcourue.

17 En effet, le dernier texte reprend par cet aspect l'envoi initial: le poète parle également ici au nom de son frère lecteur, reprenant le 'nous' universel du début. Ce rapport cyclique est renforcé par des analogies thématiques – les deux textes parlent de la mort (*Au lecteur* 23–24: « La Mort dans nos poumons descend » – *Le Voyage* 141 « (ô Mort) verse-nous ton poison ») et le mouvement fondamental qui y régit l'existence humaine est la descente en enfer (v. 15–16 – v. 143–44) – ou bien stylistiques – le cri que le poète de *Bénédiction* adresse au lecteur « mon semblable – mon frère! » (v. 40) est ironiquement repris dans *Le Voyage* 104 où l'humanité enragée provoque Dieu: « O mon semblable, ô mon maître, je te maudis. »

que comme la volonté de marquer la *nature cyclique* de la narration. Cette nouvelle tendance est d'autant plus apparente que la mort ne constitue plus une fin absolue; le poète tente d'en faire un *nouveau départ*, le tremplin pour un nouveau rebondissement de l'aventure humaine. Il essaie de transcender la mort, de la réinterpréter, d'y trouver une *ouverture*, exactement comme il fouillait le gouffre pour y trouver une issue[18]. C'est ce que la fin du dernier poème nous dit expressément (v. 137 sqq.). En reproduisant le résultat de la recherche *initiale* du poète vers la beauté artistique, les dernières strophes du *Voyage* font entendre, comme le signale Mossop 35, le même cri désespéré que l'*Hymne à la Beauté* vers un absolu inconnu. L'importance structurale de ce rappel est d'ailleurs mise en relief par le fait que les deux poèmes furent introduits dans l'édition de 61 pour « arrondir » la composition. Selon Adam XV le dernier 'chapitre' comporterait déjà cette nuance de renouveau dans la première édition où il n'était constitué que des trois sonnets CXXI–CXXIII *La Morts des amants*, *La Mort des pauvres*, *La Mort des artistes*: « Mais *Le Vin* disait la force libératrice de la liqueur divine, et le portique de *La Mort*, bien loin d'achever le volume sur une note désespérée, ouvrait des perspectives « *sur les Cieux inconnus* » » (CXXII 14). Il est permis de douter de cette interprétation optimiste, bien que, de toute façon, la fin de 57 soit décidément moins sombre que celle de 61. Elle ne comportait que les 5 chapitres suivants: *Spleen et Idéal*, *Fleurs du mal*, *Révolte*, *Le Vin*, *La Mort*. Il me semble évident que *La Mort des amants* reprend *Spleen et Idéal*, réaffirmant la foi encore euphorique – mais déjà bien vacillante, hélas – que le poète conservait en 1857 en la vertu salvatrice de l'amour, avec un rappel explicite, dans le premier tercet, de cette profession de foi qu'est FM IV *Correspondances* (v. surtout le deuxième tercet). La « correspondance » du sonnet suivant, *La Mort des pauvres*, est plus difficile à trouver, probablement parce que le sonnet correspond à deux parties: *Fleurs du mal* et *Révolte*. Pourtant, si les pauvres n'apparaissent en tant que symbole central qu'en 1861, *Révolte* les préfigure sous le nom de « race de Caïn » (v. FM CXIX *Abel et Caïn*, p.ex. 23–24 « Race de Caïn, sur les routes/Traîne ta famille aux abois »); de plus l'auberge du v. 7 est le lieu (transfiguré, bien entendu) de la débauche des *Fleurs du mal* (cf. FM CXII *Les Deux Bonnes Sœurs* 1: « La Débauche et la Mort sont deux aimables

[18] Il est certainement juste de relier, avec Feuillerat 329–30, Burns I, et Adam XV, cette maturation compositionnelle à l'évolution personnelle de Baudelaire: en 1857 il se trouve plein de force, il recherche avec vigueur une solution à son dilemme dans lequel, en 1861, il a appris, au contraire, à s'installer.

filles »). En tout cas, il est certain que le ton y est plus pessimiste que dans le sonnet précédent: la mort y apporte des « rêves extatiques », mais *aussi* le sommeil, précurseur du néant (v. 10). Enfin ce scepticisme concernant la vertu salvatrice de la mort l'emporte nettement dans le dernier sonnet, *La Mort des artistes*, qui reprend sans aucun doute l'avant-dernière partie, *Le Vin*; le premier poème de celle-ci (FM CIV *L'Ame du vin*) évoque sur une note euphorique la rencontre du vin et du poète: « En toi je tomberai, végétale ambroisie (. . .)/Pour que de notre amour naisse la poésie/Qui jaillira vers Dieu comme une rare fleur! » (vv. 21 et 23–24), euphorie que les derniers mots de 57 rappellent dans le mode mineur: la belle certitude de naguère n'est plus qu'un vague espoir: « (. . .) ces sculpteurs damnés (les artistes) (. . .) / N'ont qu'un espoir (. . .) / C'est que la Mort, planant comme un soleil nouveau, / Fera s'épanouir les fleurs de leur cerveau! » Cette fin incertaine correspond étroitement au projet de biographie spirituelle de 1857. En effet, c'est le poète qui contemple la fin de son existence en se demandant anxieusement si son itinéraire spirituel a abouti à des créations durables. Ainsi l'interprétation de Burns 23 de « this relatively hopeful vein » me semble trop optimiste, puisqu'il prend comme une réalité certaine les deux dernières lignes du dernier sonnet. Ajoutons dès maintenant qu'en 1861 ces correspondances sont beaucoup plus claires et de caractère nettement cyclique. Ainsi le deuxième sonnet acquiert une fonction plus naturelle en reprenant le nouveau chapitre, *Tableaux parisiens*; le troisième continue harmoniusement le rappel, puisque *le Vin* est maintenant réuni aux *Fleurs du mal* que résume le premier des deux nouveaux sonnets. Le dernier (CXXV) reste assez problématique; en principe il doit correspondre à *Révolte.*

7. La permanence du principe cyclique: importance des *Tableaux Parisiens*

Comme on vient de le voir, les preuves abondent qui démontrent le changement de principe compositoire qui s'est opéré d'une édition à l'autre. Cependant il ne faut pas oublier, comme le signale Burns entre autres, que dès 57 Baudelaire s'essaie à produire un modèle compositionnel basé sur des récurrences thématiques savantes, en particulier dans la première partie et surtout dans les poèmes sur la beauté et sur l'amour. Sous ce rapport, il convient de rappeler que la position optimiste de Baudelaire en 1857 était très relative, émanant plus d'une volonté désespérée que d'une conviction profonde. Voilà qui explique la fin assez faible de *Spleen et Idéal* (v. Burns I 23) et aussi les incertitudes, signalées plus haut, des trois derniers sonnets.

Dès lors, il est logique que ce soit précisément dans la grande partie initiale, à la composition la plus élaborée, qu'apparaît dès 1857 la figure fondamentale du cosmos baudelairien: la courbe descendante, comme l'a d'ailleurs montré Austin 92 et 97, en rappelant pertinemment la difficulté fondamentale qu'a toujours éprouvée Baudelaire à trouver « des symboles de réalités supérieures. Ce qu'il trouve, ce sont des symboles négatifs, qu'il faut transmuer par l'alchimie de l'espérance. » (op. cit. 92)[19]. Austin souligne avec raison que *Spleen et Idéal* forme une courbe descendante dans son ensemble, mouvement fortement accentué dans l'édition 61[20], puisqu'en 57 il était brisé « par des poèmes assez disparates », transportés désormais dans le nouveau chapitre, *Tableaux parisiens*, et remplacés par quatre nouveaux poèmes pessimistes qui suivent les 4 poèmes de Spleen (op. cit. 97). Cependant, il reste que le travail de réadaptation cyclique est surtout apparent dans les autres parties. Ainsi le chapitre du *Vin* marque en 1857 une sorte d'apaisement linéaire (cf. Adam XV cit. supra) couronné par la Mort (v. Burns I 22 sq.); en 1861 il reste une étape de l'évolution spirituelle, mais la ligne n'est plus droite, puisque, de par sa nouvelle place, le chapitre renferme à la fois la valeur positive et la valeur négative (voir infra).

La meilleure preuve du fait que le principe cyclique régit la 2ᵉ édition est certainement donnée par les *Tableaux parisiens*. Ils n'ont aucune importance pour le principe existentiel (mis à part le fait qu'ils brossent le tableau du milieu du héros[21]) qui régit la première édition. De ce point de vue-là, il était logique d'aller directement de *Spleen et Idéal* aux *Fleurs du mal* (comme Baudelaire le faisait en 1857) après les expériences « sérieuses » de la vie et et qui ont toutes échoué: l'art, la femme (même sous sa forme esthétique: Lesbos), la philosophie (ou plutôt une sorte de mysticisme basé sur la notion de 'surnature'), la douleur (Spleen) et la religion. La première partie de 1857 est terminée par une série d'emblèmes baroques qui font s'estomper étrangement ces expériences manquées dans une sorte d'exorcisme esthétique, esthéticisme paradoxal explicité par les deux pièces finales, *La Musique* et

---

19 C'est exactement le mécanisme psychique qu'a dégagé l'étude du *gouffre*. Les paroles d'Austin éclairent et appuient aussi l'analyse que je viens de donner du dernier sonnet de 1857 avec son usage tragique de l'espoir.

20 Austin 92 en résume bien les grands traits: « La courbe de la première partie du recueil traduit fidèlement l'amère expérience de Baudelaire: c'est une courbe descendante, une descente aux Enfers, une chute dans le gouffre du spleen et de l'ennui. » D'ailleurs Austin rejoint ici l'analyse de Feuillerat 393.

21 Intention secondaire certaine. Cf. *Fusées* VIII (Club 1427): « Les milieux, les atmosphères, dont tout un récit doit être trempé (...). »

La Pipe. Celles-ci enregistrent le résultat négatif ou mieux, indécis parce que contradictoire, de la première recherche du poète; dans l'avant-dernier poème, l'art ne fonctionne, en définitive, que comme un « grand miroir / de (...) désespoir »[22], tandis que le dernier poème le présente comme un « puissant dictame » qui guérit le poète. Après ce constat d'impuissance vient la révolte grandissante, dégradation vers le mal: *Fleurs du mal*, *Révolte*. Enfin l'abandon total de la personnalité, la dissolution dans les paradis artificiels; le *Vin*, conduisant fatalement à la *Mort*.

Dans la 2e édition, Baudelaire introduit les *Tableaux parisiens* précisément pour briser cette ligne droite évolutive (qui rappelle celle de l'« Entwicklungsroman ») et élargir la perspective cyclique. En effet, les *Tableaux parisiens* opèrent un *retour* au thème initial, celui de l'idéal, arrêtant l'évolution du poète et y substituant une méditation sur sa place propre, et celle de l'idéal, dans la société humaine. Dès lors, il est logique que Baudelaire reporte le *Vin* à la suite de la nouvelle partie, Les *Tableaux parisiens*, puisqu'il sert éminemment à développer la réflexion sur le caractère social de l'idéal, c.-à-d. sur les moyens concrets dont disposent les hommes pour entrer en contact avec l'idéal. Cf. infra sur la valeur double conférée ainsi à ce chapitre.

Si nous introduisons dans le modèle de Mossop (v. p. 88) le principe cyclique qui fait de la composition non une progression, unidirectionnelle, mais une série incurvée d'alternances, les grandes lignes qui se dégagent du projet existentiel de 1861 seront les suivantes: 1° naissance et enfance du poète: sa mission; 2° l'idéal de sa jeunesse[23]; 3° les tentatives entreprises par l'homme pour réaliser cet idéal, soit dans l'art (la sculpture), soit dans l'amour, soit dans l'évasion (artificielle ou artistique), tentatives toutes soldées par un échec, et ramenant le poète à l'incurable solitude de son début (l'enfant renié par sa mère: FM I *Bénédiction* 2–8), dont la manifestation la plus frappante est le Spleen. A travers la solitude la perspective s'élargit ensuite: après les expériences intimes viennent les expériences communautaires des *Tableaux parisiens* où le poète décrit, dans un ton très voisin

---

[22] La contradiction n'est pas totale, car dans le texte de 1857 la mer-musique reste surtout « le calme » (v. 13) qui *peut* prendre la valeur d'un miroir du désespoir. Ainsi la correction de 1861 prend toute son importance: l'art n'est plus *d'abord* un calmant: il est *à la fois* un calme *plat* (épithète qui manque en 1857) et un miroir du désespoir.

[23] La seule autre mention de l'enfance du poète: FM LXII *Moesta et errabunda*, appartient probablement à cette période; idylle d'amour enfantin, le poéme représente l'idéal amoureux dont le poète chercha vainement la réalisation au cours de la période suivante (la maturité de l'homme).

de celui des PPP, la vie solitaire dans la grande ville[24]. De nouveau il essaie de rompre le cercle infernal de l'isolement par l'intermédiaire du vin. La positivité ainsi épuisée, la désespoir existentiel porte le poète à chercher l'apaisement de l'autre côté, dans le pôle contraire: le mal. Apercevant qu'ainsi il s'est simplement engagé dans un chemin qui conduira encore plus infailliblement à sa destruction, puisque la négativité ne réside pas en autrui, mais en lui et se nourrit de sa chair propre (tel est le sens du dernier poème des *Fleurs du mal*, FM CXVII *L'Amour et le crâne*, en particulier vv. 17–20), le poète se jette dans la révolte par une dernière aspiration vers la totalité mystique, c.-à-d. dans la religion à l'envers, le satanisme, dernier spasme d'un esprit moribond, car, évidemment Satan ne répond pas: pure négativité, le démon n'existe que dans l'âme du poète. Du point de vue cyclique, cette invocation à Satan (FM CXX *Les Litanies de Satan*) prépare le revirement opéré dans le dernier poème des FM, car il semble certain que les *Litanies* font écho au premier poème qui invoquait précisément un dieu *qui répondait* (*Bénédiction*)[25]. Ainsi la positivité trouble du *Voyage* trouve son explication dans le manque de transcendance de la négativité.

8. La structure fondamentale du macrosigne

La force directrice du travail compositionnel définie, il est temps de revenir à la structure du *macrosigne*. L'idée fondamentale de mon analyse, c'est que le signe et le macrosigne baudelairiens sont construits sur le même moule. Leur texture de base est ternaire, formée par trois termes: deux concepts qui s'opposent polairement et un concept qui veut en être la synthèse: $\boxed{+} - \boxed{\div} / \boxed{+ \div}$. Cependant le modèle d'un tel parallélisme abstrait fondé sur des concepts statiques égaux en étendue et en force ne saurait recouvrir la réalité baudelairienne. En effet, les termes sont dissymétriques et le modèle est dynamique[26]. Ainsi le terme négatif domine très fortement en étendue et en

---

24 Ainsi le thème de la *solitude* (c.-à-d. de la contraction) devient en 1861 absolument central pour la compréhension de la composition, basée, en 57, sur une attitude beaucoup plus *expansive* (la place du *Vin*!). Cette interprétation personnelle des TP est renforcée par le fait que le deuxième poème, *Le Soleil*, appartenait en 1857 au cycle le plus biographique, celui du début. Cf. infra p. 105 note 38.

25 R. Galand 256 dégage bien les analogies religieuses et mythiques suggérées par ce poème avec l'existence cyclique du Sauveur, du Divin Fils.

puissance, tandis que la synthèse est le terme dont le statut est le plus aléatoire. De plus, les termes diffèrent par rapport à leur «pureté» logique (leur étendue et leur complexité sémantiques): le terme négatif domine ici encore par son ambivalence prononcée (le mal est-il un bien?), ce qui fait, sur le plan de la composition, que la partie qui traite de ce terme, *Spleen et Idéal*, tend à résumer en elle-même la structure de la triade tout entière (construction « en abyme », comme dirait Gide). Celle-ci est donc très loin de se conformer à une belle harmonie hegelienne; son trait le plus saillant est peut-être précisément son *asymétrie*. En effet, la prédominance de la négativité et le statut aléatoire de la synthèse font que celle-ci s'oriente « vers le bas », c.-à-d. vers l'échec.

Aussi bien faut-il que l'ordre compositoire fondamental soit asymétrique pour que sa structure corresponde au 'mouvement' du microsigne, c.-à-d. à sa directionalité. Nous pouvons d'ailleurs rappeler, à ce propos, que, dans la théorie esthétique baudelairienne, la beauté parfaite est irrégulière, « bizarre », théorie qui jette une lumière significative sur les petites irrégularités, les « exceptions » au principe cyclique général, que nous allons dégager: pour Baudelaire, les composés logiques comme les divisions compositionnelles n'ont d'existence que brouillés et incertains:

> « *Le beau est toujours bizarre.* Je ne veux pas dire qu'il soit volontairement, froidement bizarre, car dans ce cas il serait un monstre sorti des rails de la vie. Je dis qu'il contient toujours un peu de bizarrerie, de bizarrerie naïve, non voulue, inconsciente, et que c'est cette bizarrerie qui le fait être particulièrement le beau. » (*L'Exposition universelle de 1855*, Club 686–87)[27].

---

[26] Parlant du progrès « cette idée grotesque, qui a fleuri sur le terrain pourri de la fatuité moderne » (Club 688), Baudelaire réussit d'ailleurs incidemment à établir un modèle cyclique « orienté » de la même nature essentiellement que le modèle des FM: cycle indéfini que sa répétivité même dote d'une valeur tragique: « Je laisse de côté la question de savoir si, délicatisant l'humanité en proportion des jouissances nouvelles qu'il lui apporte, le progrès indéfini ne serait pas sa plus ingénieuse et sa plus cruelle torture; si procédant par une opiniâtre négation de lui-même, il ne serait pas un mode de suicide incessamment renouvelé, et si, enfermé dans le cercle de feu de la logique divine, il ne ressemblerait pas au scorpion qui se perce lui-même avec sa terrible queue, cet éternel *desideratum* qui fait son éternel désespoir. » (l'*Exposition universelle de 1855*, Club 689).

[28] Cf. Feuillerat 238 sq. qui rapelle aussi l'importante *Fusée* VIII (et non XII, comme l'indique Feuillerat): « Ce qui n'est pas légèrement difforme a l'air insensible, d'où il suit que l'irrégularité, c.-à-d. l'inattendu, la surprise, l'étonnement sont une partie essentielle et la caractéristique de la beauté. » (Club 1428).

Par conséquent rien d'étonnant à ce que les parties des FM soient disposées selon le modèle asymétrique suivant:

Spleen et Idéal	→	TP	→	Le Vin	→	Fleurs du mal	→	Rév.	→	La Mort
+ ÷				+				÷		

→

On remarque que l'asymétrie est renforcée par le fait que l'élément ambivalent précède les éléments simples. Or le curieux est que cette « irrégularité » ne parvienne jamais au statut de « règle », même si l'on s'applique à examiner la disposition à l'intérieur de chaque groupe. En vertu du principe baudelairien de l'estompement des lignes saillantes et des divisions logiques, une analyse poussée ne fait qu'y découvrir une nouvelle série d'asymétries où les valeurs fondamentales apparaissent dans un chassé-croisé continuel. Ainsi il peut paraître que la première partie formule une synthèse aléatoire, mais, en réalité, elle consiste en quatre sections, dont la première est comme une vague préfiguration, estompée, du résultat final, de sorte que cette section ne saurait entrer dans une disposition symétrique. Le mécanisme cyclique n'est donc pas assimilable à la progression du temps physique. L'arrangement des quatre sections est le suivant:

L'existence du poète	//	Idéal	/	Amour	/	Spleen
÷ +		+		÷ +		÷

→

Dans le sous-modèle, la synthèse a changé de place, et, si l'on pousse davantage l'analyse, on rencontre, à l'intérieur de ce sous-modèle même, encore une variation, à savoir celle qui caractérise l'ordonnance des poèmes sur l'amour:

La Vénus noire	l'ange du salut	la belle sorcière
÷	+	+ ÷

→

Cependant, prise en son ensemble, la première partie doit être comprise comme une tentative de synthèse basée sur une recherche existentielle qui veut unir l'art (l'idéal esthétique) et la mort (la réalité fondamentale de la condition humaine: le temps qui menace à tout moment d'anéantir l'art)[29].

---

29 Cf. la juste remarque de Hans Sørensen, *Cycle* 233, qui, s'élevant contre l'interprétation de Feuillerat selon laquelle les premières sections de *Spleen et Idéal* représenteraient une recherche de l'idéal, insiste sur leur dualité: « J'admets que la recherche de l'idéal est un aspect extrêmement important de ces cycles de poèmes, mais ceux-ci révèlent leur caractère particulier par un principe dialectique. »

9. Positivité et négativité dans les cinq dernières parties

Dès lors on peut comprendre que, dans la suite du recueil, la positivité soit représentée par deux parties aussi peu harmonieuses que *Tableaux parisiens* et *Le Vin*: elles ne font qu'exposer la positivité, dont la première partie a déjà longuement défini l'essence, dans ce qu'elle a d'aléatoire, c.-à-d. dans son rapport avec le *temps* (le temps social: *Tableaux parisiens*, et le temps intérieur: *Le Vin*). Si les *Tableaux parisiens* ont ainsi une tonatité dont la valeur positive (par la pitié qu'inspirent ces tableaux) reste assez constante[30], *Le Vin* s'approche davantage de l'atmosphère trouble des *Fleurs du mal*. Cette disposition fait apparaître, dès la fin de la partie positive, la tendance vers la négativité qui prédominera dans la partie suivante.

Adam 400 a certainement raison d'insister sur le caractère positif des poèmes du *Vin* qui s'inscrivent dans la tradition du romanticisme idéaliste. Pour celui-ci le vin représentait une force salubre et naturelle, un bien des pauvres, etc. Mais, il serait erronné d'en rester là en refusant aux quatre premiers poèmes du *Vin* l'appartenance au thème de l'évasion. Une telle exclusion peut être valable si on prend ces pièces isolément à la date de leur composition; mais en les insérant à cette place, Baudelaire leur confère une dimension nouvelle qui est celle de l'évasion marquée par la double valeur:

$\boxed{+ \div}$.

Précisément, afin de rendre perceptible ce mouvement de négativisation Baudelaire dès 1857 ajoute une cinquième pièce à la partie. Il me semble d'ailleurs que, déjà, FM CVI *Le Vin de l'assassin* cadre parfaitement avec cette double valeur[31]. Ainsi je ne peux pas tout à fait suivre Feuillerat 282 qui, se plaçant du point de vue de la première édition, explique le manque d'unité du chapitre par le fait que: « L'histoire de ce crime crapuleux (c.-à-d. *Le Vin de l'assassin*) détonne au milieu des quatre autres poèmes qui composent, dans leur ensemble, un enthousiaste dithyrambe en l'honneur de l'ivresse. » Feuillerat méconnaît ici le caractère ambigu du dernier poème de la partie (CVIII *Le Vin des Amants*) qui présente l'évasion baudelairienne dans sa dualité caractéristique: toute horizontale, elle reste un *rêve*, aperçue à l'état velléitaire (« Partons », v. 3), mais jamais pleinement réalisée. Reconnaissons toutefois que la positivité était plus apparente en 1857.

---

[30] Il faut noter, avec Burns II 75, que les *Tableaux parisiens* est la seule partie des FM d'où le satanisme est absent.

[31] Le poème date de 1848.

En revanche, il a certainement raison de dire (pp. 314–16) que le déplacement du chapitre opéré en 1861 marque une nouvelle conception du *Vin*, plus pessimiste: à leur nouvelle place, les poèmes « devenaient autant d'exemples des dangers cachés qui menacent l'âme humaine (...). » (ibid. p. 316). Seulement Feuillerat exagère maintenant leur portée négative!

A noter d'ailleurs que, dans l'édition 57, la transition du *Vin* à la *Mort* était extrêmement maladroite: comment aller de l'idylle *Le Vin des amants*, à la tragédie *La Mort des Amants* (FM CXXI)? Feuillerat n'explique pas cette transition.

Enfin, la négativité des trois dernières parties pose un problème analogue à celui soulevé par les changements opérés dans la fin de la première partie. En effet, des *Fleurs du mal* à *Révolte*, il y a une exaspération croissante de la négativité, de sorte que cette dernière partie a une portée négative beaucoup plus vaste en 1861 qu'en 1857. En 1857, suivant les *Fleurs du mal* et prolongée par *Le Vin*, la partie ne faisait que porter à son comble le satanisme du chapitre précédent et elle présentait une révolte susceptible d'être apaisée par les techniques de l'évasion. En 1861, la *Révolte* est postposée aussi au *Vin*, et formule ainsi un défi qui s'adresse également à l'évasion (cf. ce que j'ai dit supra sur la valeur double de ce thème). C'est maintenant la révolte totale contre le mal et ses palliatifs, réaction qui ne peut aboutir qu'à la mort.

Adam 422 a bien montré qu'à l'origine les poèmes de *Révolte* avait une portée *sociale*: révolte contre l'ordre humain *et* social. Par conséquent, si Feuillerat 283 les interprète correctement comme des « tentations de Satan, auxquelles le poète a succombé », cette interprétation est bien trop étroite pour l'édition de 1861.

D'ailleurs, l'évolution interne de la partie correspond beaucoup mieux, en 1861, à la place assignée à cette partie dans l'ensemble du recueil. Résumons rapidement les étapes de la révolte. 1° Refus de la 'caritas' chrétienne[32] et profession de foi en la violence. 2° Révolte ouverte contre le monde, culminant avec une attaque en règle contre le ciel (mouvement ascendant, « élévation » ironique). 3° Célébration du nouveau dieu de la Mort, célébration terminée toutefois par le sentiment d'une défaite, d'une descente en enfer (FM CXX *Les Litanies de Satan* vv. 46–48).

---

32 Le raisonnement est de nature *spatiale*: comme le ciel et la terre forment deux dimensions statiques qui n'entretiennent aucun rapport, il n'est pas possible d'aller de l'un à l'autre.

10. Modèle dynamique et structure du signe

Nous retrouvons donc ici comme un résumé du mouvement cyclique de l'espace baudelairien. C'est dans cette partie que la force dominante apparaît dans toute son horreur: la chute. Alors le pessimisme, le défaitisme s'installent totalement dans l'âme du « narrateur », tout prêt, désormais, à s'abandonner à la mort.

Et en effet, les cinq sonnets initiaux de la partie suivante (et dernière) paraissent continuer ce mouvement d'affaissement. Cependant le mouvement de chute semble se briser à nouveau au cours du long poème terminal; celui-ci, dans cet enfer ganétif, fait entrevoir la possibilité d'un nouvel essor, c'est-à-dire d'une synthèse qui, cette fois, part de la négativité et prétend arriver à la positivité. Cette fonction ambiguë est naturellement assumée par les multiples rappels du début du recueil que j'ai déjà signalés, début qui a précisément cette fonction synthétique, même s'il part, lui, de la positivité (*Bénédiction*). Dans un modèle linéaire il semble donc nécessaire de remplacer la figure:

+ ÷	+	÷
L'existence du poète	Idéal	Spleen

⟶

par le modèle suivant:

+ ÷	+	÷	÷ +
Vie – Mort	Idéal	Spleen	Mort – Vie

⟶

Dès lors, il est facile de voir que le vrai modèle sous-jacent de la successivité baudelairienne est de nature *dynamique*; on pourrait peut-être figurer cette successivité par le graphique suivant:

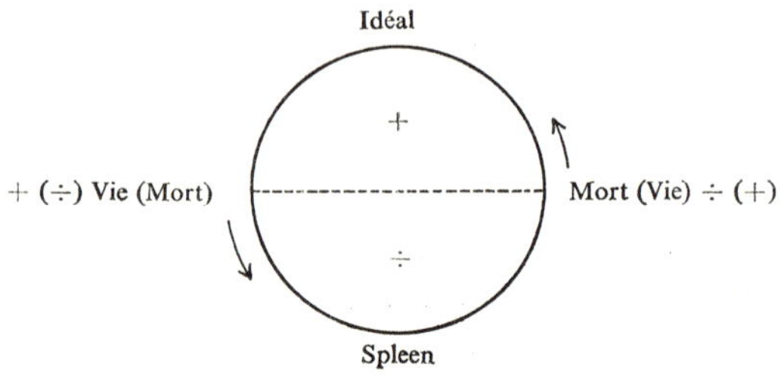

Ajoutons que ce modèle ne représente qu'une tendance très générale de la ligne compositionnelle. En particulier, il n'en peut rendre la *directionalité* (la courbe descendante) qui fait que le mouvement est beaucoup moins *circulaire* qu'*incurvé*[33]. Il est significatif que, dans le recueil, les synthèses initiale et terminale aient un statut bien faible: ce sont des sous-groupes de parties! Il me semble maintenant possible de dégager le parallélisme entre les deux classes de signes, ceux de l'analyse paradigmatique et ceux de l'analyse syntagmatique, en dressant le tableau suivant:

signe \ valeur		positivité faible +	négativité forte ÷	synthèse aléatoire +÷
macro-signe	cas particulier: l'amour	l'ange du salut	la femme vampire (« véritable »)	la femme oubli
	modèle général	Idéal	Spleen	Vie – mort (l'existence du poète)
micro-signe	cas particulier: le gouffre	gouffre salut	gouffre chute (« véritable »)	gouffre oubli
	modèle général	Art	Mort	Amour

11. Valeur du titre de la première partie

J'ai relevé que, hors I–XII, la première partie rangeait les valeurs constitutives dans un modèle symétrique:

$$\boxed{+} \rightarrow \boxed{\div\ +} \rightarrow \boxed{\div}\,.$$

Cette harmonie est d'autant plus frappante que le titre même de la partie a étonné la critique par son « asymétrie » logique: *Spleen et Idéal*, c.-à-d.: $\boxed{\div} \rightarrow \boxed{+}$, donc un ordre logique inversé! D'autant plus que cette asymétrie ne correspond pas non plus à la disposition de l'ensemble de la partie où Spleen apparaît bien à la fin. Cependant je pense que la divergence s'explique par la place initiale de la partie dont le titre a la double

[33] Cf. dans le chapitre précédent la note sur Baudelaire et le cercle. P. 30 n. 8.

fonction de s'insérer dans l'ensemble et d'avertir le lecteur d'une loi fondamentale de l'univers poétique dans lequel il va pénétrer.

Feuillerat 274 donne une explication ingénieuse du titre qui explique l'ordre « inversé » des deux termes par la « valeur adversative » de la conjonction 'et'. L'ordre reproduirait ainsi un *raisonnement*: le spleen « forme l'obstacle insurmontable qui empêche le poète d'atteindre son Idéal (...). » Ainsi le spleen serait *subordonné* à l'idéal: obstacle, mais non pas valeur ou « idéal » 'sui iuris'. Or, le problème est justement de savoir si Baudelaire a juxtaposé les deux termes pour signifier une opposition polaire ou s'il a simplement pensé à mettre en relief deux des thèmes centraux de la partie: donc, s'il a utilisé un titre « compositionnel » ou simplement « thématique ». Je pense que Feuillerat a tort en optant pour la dernière possibilité. Ce qui rend l'interprétation difficile, c'est que Spleen définit, moins une *valeur* existentielle, qu'une *situation* existentielle, un état d'âme complexe. Cependant il convient de se rendre compte que cet état d'âme est nettement lié à l'idée de la mort, à toutes les valeurs opposées à celles du monde de l'idéal. D'un point de vue purement conceptuel, le titre est donc légèrement décalé: il aurait dû être p. ex. *Idéal et Mort*, mais il n'en reste pas moins que le titre actuel renvoie fondamentalement à une juxtaposition de deux systèmes de valeur.

Ces considérations n'expliquent toujours pas l'ordre « inversé » des deux termes. Peut-être faut-il y lire une expression de leur force relative. Si, dans l'édition de 1857, on pouvait encore hésiter, le rapport est net en 1861: Spleen s'y présente comme le *principe fort*. Du point de vue éthique, il est simplement le concept opposé et la force égale à l'idéal; mais, existentiellement, c'est de loin la force qui influe le plus sur la vie du poète. Son point de départ personnel est donc le Spleen (cf. *L'Epigraphe* 37 qui installe précisément l'Ennui au seuil de l'aventure spirituelle des FM), et la question que pose le recueil est celle de savoir si, à partir de cet état de prostration, l'homme peut s'élever jusqu'à l'idéal. Or, la ligne générale de la composition de la 1ère partie suggère la réponse implicite, puisqu'elle décrit une courbe descendante, réponse que le reste du recueil s'appliquera à expliciter[34].

---

[34] Il est juste d'ajouter que des raisons d'euphonie ont pu contribuer aussi à faire adopter l'ordre retenu. En effet, « Idéal et Spleen » me paraît constituer une chaîne phonique lourde au rythme déplaisant.

12. Composition générale de la première partie

Comme la première partie est la plus longue et la plus construite, il est normal que les critiques aient particulièrement fouillé *sa* composition. Je ne dérogerai pas à cette tradition et, au cours des pages suivantes, j'analyserai brièvement l'ordre de la première partie. Pour ne pas répéter inutilement les résultats de la critique, je ne m'étendrai quelque peu que sur les points où je crois avoir du nouveau à dire et sur les perspectives qui illustrent les rapports unissant la composition et le signe poétique.

Comme je l'ai déjà noté, *Spleen et Idéal* est la partie dont la structure «biographique» est le plus apparente[35], et cela bien davantage encore en 1861. Cependant, si, aujourd'hui, la critique est presque unanime à reconnaître, dans cette partie, le caractère « biographique » des premiers groupes de poèmes, il lui a été beaucoup plus difficile de voir un principe général sous-jacent aux derniers groupes. Je n'en veux pour exemple que le travail récent de Mossop. Ignorant, semble-t-il, les études de Sørensen sur le cycle des héroïnes secondaires, le critique anglais en reste étrangement à l'idée traditionnelle que ces textes trahissent une certaine faiblesse de composition: « First come seven poems adressed to women, but they are clearly different women and the poems have no other feature in common ».[36] Or, je pense que si nous reprenons l'étude de ces fameux « cycles » et en particulier celle si brillamment instaurée par Hans Sørensen du « cycle des héroïnes secondaires », il nous sera possible de dégager une pensée cohérente de l'ensemble de la composition de la première partie. Je ne pense pas qu'à cette fin il me soit nécessaire de discuter la plupart des divisions traditionnelles de la partie, mais il faudra examiner de près les *transitions* entre les séries, car ce sont finalement les *découpages* qui déterminent le « sens » de la successivité (cf. supra p. 83). Pour plus de clarté, je présenterai d'abord une sorte d'« arbre » (analogue aux arbres utilisés en linguistique) qui résumera les divisions et subdivisions proposées (voir le graphique de la page 104).

---

[35] On peut d'ailleurs penser avec Burns II 70 qu'une des raisons qui auraient poussé Baudelaire à constituer la nouvelle partie des *Tableaux parisiens* a justement été le besoin de retrancher de *Spleen et Idéal* les poèmes les moins « biographiques » qui juraient trop avec sa tonalité dominante, celle de la confession personnelle.

[36] V. l'analyse détaillée infra p. 128.

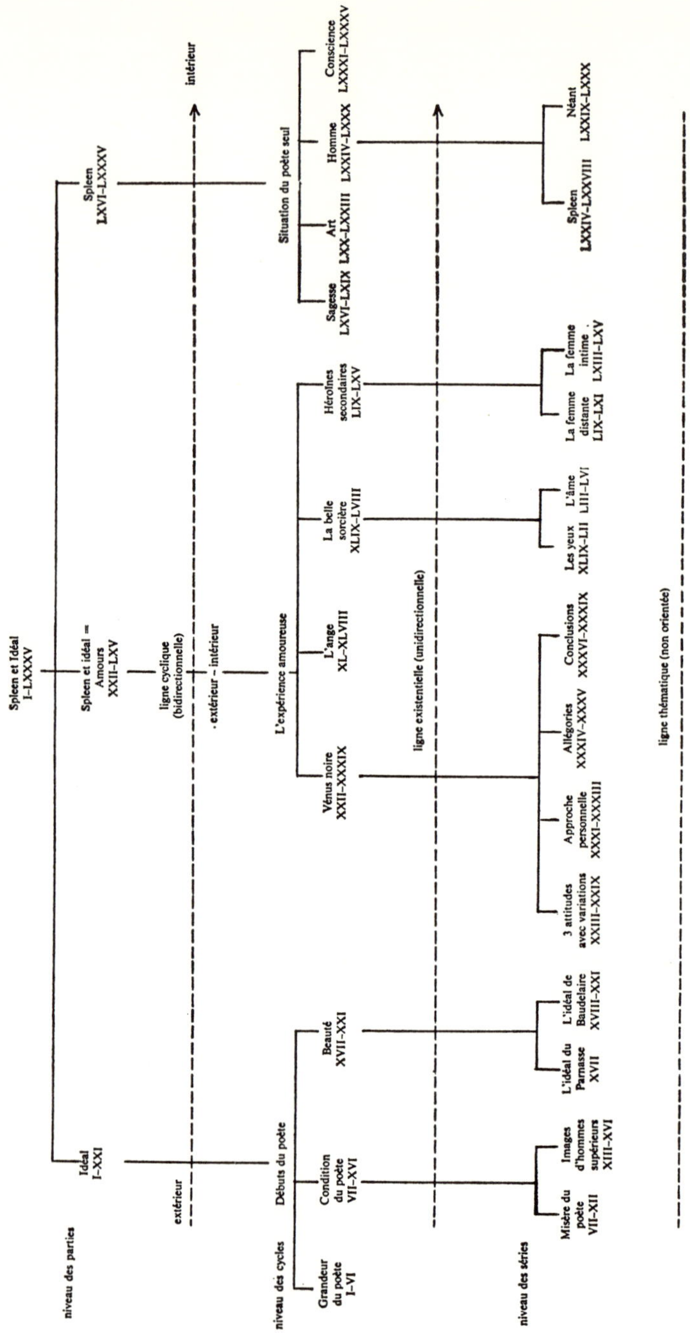
niveau des parties
Spleen et Idéal I–LXXXV
Idéal I–XXI
Spleen et idéal = Amours XXII–LXV
Spleen LXVI–LXXXV
extérieur
ligne cyclique (bidirectionnelle)
· extérieur – intérieur
intérieur
niveau des cycles
Débuts du poète
L'expérience amoureuse
Situation du poète seul
Grandeur du poète I–VI
Condition du poète VII–XVI
Beauté XVII–XXI
Vénus noire XXII–XXXIX
L'ange XL–XLVIII
La belle sorcière XLIX–LVIII
Héroïnes secondaires LIX–LXV
Sagesse LXVI–LXIX
Art LXX–LXXIII
Homme LXXIV–LXXX
Conscience LXXXI–LXXXV
ligne existentielle (unidirectionnelle)
niveau des séries
Misère du poète VII–XII
Images d'hommes supérieurs XIII–XVI
L'idéal du Parnasse XVII
L'idéal de Baudelaire XVIII–XXI
3 attitudes avec variations XXIII–XXIX
Approche personnelle XXXI–XXXIII
Allégories XXXIV–XXXV
Conclusions XXXVI–XXXIX
Les yeux XLIX–LII
L'âme LIII–LVI
La femme distante LIX–LXI
La femme intime LXIII–LXV
Spleen LXXIV–LXXVIII
Néant LXXIX–LXXX
ligne thématique (non orientée)

Ce schéma donne une représentation toute logique de la successivité, l'arbre ne pouvant pas montrer le *mouvement* qui conduit d'une partie à l'autre. En particulier, il ne fait pas voir les *pièces de transition*, pièces capitales[37] qu'il m'a souvent fallu détacher de l'arbre: ni sous-groupes ni membres de groupe à part entière, elles constituent un des traits les plus marquants de la technique compositionnelle de Baudelaire. Elles ont la fonction évidente d'*estomper* les divisions, conformément au principe esthétique baudelairien de l'ambiguïté. Enfin, l'arbre est incapable de faire ressortir la cyclicité de la composition avec ses multiples récurrences et ses conclusions provisoires. Il faudra donc faire une place à part aux poèmes qui sont à la fois membres de groupe et conclusions du groupe tout entier: FM XXI *Hymne à la beauté*, FM XXXIX (« Je te donne ces vers afin que si mon nom ... »), FM LXXXV *L'Horloge*. Dans les explications plus détaillées ci-après, j'essaierai de suppléer à ces insuffisances du graphique. Les lignes horizontales qui traversent l'arbre ont pour but d'indiquer grossièrement les niveaux auxquels on peut analyser la successivité baudelairienne, niveaux qui correspondent aux trois principes compositionnels exposés supra p. 85, surtout en ce qui concerne leur rapport au temps.

13. Premier cycle: Grandeur du poète

Le premier poème présente le but à atteindre, l'idéal du jeune poète en tant qu'élu, fait de pureté et de « pure lumière » (v. 73)[38]. Fort de cette foi en la force de l'esprit, le poète saura vaincre l'idéal des philistins, le dieu de l'utile (v. 23). La pensée reste très « romantique » dans ce premier cycle: VI *Les Phares*, en est le point culminant.

---

37 Exemples: en 1857 PC I *Les Bijoux*, en 1861 FM LXV *Tristesses de la Lune* ou FM LVIII *Chanson d'après-midi*.

38 La luminosité mystique de l'idéal était fortement mise en lumière par FM LXXXVII *Le Soleil* qui, en 1857, occupait la deuxième place du cycle (remplacé en 1861 par *L'Albatros* qui, lui, souligne le contraste entre misère réelle et grandeur idéale).

14. Deuxième cycle: Condition du poète

Il se distingue du cycle précédent par le changement de thème, et surtout par le fait qu'il se subdivise en deux séries.

Première série: Misère du poète

Après l'apothéose des artistes, Baudelaire revient à la description de la réalité, c.-à-d. aux difficultés qui s'opposent au projet poétique. En effet, le problème du poète est de métamorphoser son existence réelle en poésie (V. p.ex. IX 12–14 et infra p. 112 sur la technique poétique de la transposition). A noter que l'obstacle réel qui s'oppose à cette démarche créatrice n'est pas de nature extérieure, comme chez les vrais romantiques (V. cependant VIII qui fait état de cette pensée traditionnelle), mais est la faiblesse spirituelle, la tare du poète lui-même: voir VII et surtout X qui parle de la veine tarie du poète.

C'est parce que la poésie est impuissante à surmonter le temps[39] que le regard de Baudelaire se tourne vers l'âme: ce n'est pas tant la poésie publiée (au sens étymologique) qui importe, mais l'existence, au cœur de l'homme, de la poésie brute, pour ainsi dire, donc de la *beauté*. Ainsi XI pose en fait que souvent la grande poésie reste inconnue: pas plus qu'elle ne le peut pour le temps, elle ne peut vaincre le hasard. L'important ne saurait donc être la manifestation sociale de la poésie, mais son existence intérieure. Voilà pourquoi XII peut apporter une sorte de conclusion aux deux premiers groupes sur la Grandeur et la Misère du poète en soulignant que ce qui importe n'est pas de produire, mais de *sentir*.

Deuxième série: Images d'hommes supérieurs

Il est caractéristique de la composition baudelairienne « irrégulière » (ou plutôt d'ordre non logique) que la correspondance compositionnelle s'établisse donc à travers les niveaux syntagmatiques: ce n'est pas le deuxième cycle en tant que tel qui répond au premier cycle, mais seule sa première série (Grandeur – Misère). C'est par un procédé non logique analogue, encore plus nettement cyclique, que la deuxième série du cycle préfigure par sa technique un cycle qui se trouve vers la fin de la partie même: celui de l'Art. En

---

[39] A noter que dès le début de la partie se trouve ainsi défini le problème qui la terminera avec *L'Horloge*.

effet, dans les deux groupes, les poèmes imitent un art *pictural.* La série se compose d'*images* qui sont des descriptions de *tableaux* allégoriques, tout comme le cycle représente des emblèmes également allégoriques. Du point de vue thématique, les deux groupes entrent dans un rapport d'opposition: grandes figures – figures de mort; la révolte présente dans la *série* se retrouve pourtant partiellement dans le *cycle.*

A la prendre isolément, il faut convenir que la série forme un élément de transition relativement hétéroclite[40]. Ainsi XIII est un morceau descriptif, tout pittoresque à la manière d'un Mérimée et sans rapport avec le mouvement de la pensée; Don Juan (XV) reprend un thème bien romantique, de même que XVI qui s'apparente au thème de Faust, tandis que XIV se rapproche d'une poésie plus proprement allégorique[41]. Malgré l'hétérogénéité de la pensée, il semble bien que la série prépare le développement ultérieur, puisque ces poèmes mettent en scène des attitudes humaines exprimant une certaine révolte, et symbolisées par des figures mythiques. Ainsi la série explique pourquoi la beauté idéale, dont le poète va maintenant s'occuper, ne saurait être simple ni concorder avec le pur idéal romantique (byronien) évoqué dans *Bénédiction.* Voilà assuré le rapport thématique avec le cycle suivant: manifestement XVIII *L'Idéal* transpose sur le plan esthétique le satanisme romantique de XV *Don Juan aux enfers.*

15. Le cycle de la beauté

La délimitation est assurée par la technique poétique. Si le cycle de la condition du poète était composé de paraphrases de tableaux, celui de la beauté se compose de descriptions de *sculptures*, de statues[42]. La dualité du signe du beau, analysée dans mon premier chapitre (v. p. 70 sq.), se retrouve dans la composition du cycle où alternent les pièces exaltant les vertus salvatrices

[40] Il est significatif qu'elle respecte exactement l'ordre (moins réfléchi) de 1857. D'ailleurs le cycle de la mort constitue un élément de transition également hétéroclite, mais l'édition de 1861 témoigne d'un effort sérieux de la part de Baudelaire pour intégrer ces emblèmes dans l'ordre général.

[41] Malgré son origine balzacienne, ce texte pourrait très bien être, lui aussi, la transcription d'un tableau allégorique intitulé p.ex. « Homme contemplant la mer ».

[42] Le changement de technique est souligné par le passage très violent d'un style épico-descriptif (passé simple, 3e personne: XVI) au style du monologue dramatique (présent, 1ère personne: XVII).

de l'art et celles qui en montrent les malheurs[43]. XVII, qui constitue peut-être à lui seul une série, puisqu'il représente un idéal simple, fait parler l'idéal des « païens » (du Parnasse), insensible dans sa froideur parfaite. Dans XIX surgit une beauté byzantine (à la manière des statues colossales du règne de Constantin) également euphorique, mais tout à fait opposée à la statue classique de XVII, imprégnée qu'elle est de douceur intime. Entre les deux est intercalé un démenti violent à la conception de la beauté évanescente chère à certains romantiques. Baudelaire souligne ici le caractère double de l'idéal, aspect développé dans l'allégorie de XX et porté à son comble dans le grand poème qui clôt toute cette introduction (I–XXI) sur la poésie et l'art. Répondant à VI (fonction cyclique), qui impliquait une conception optimiste et tournée vers l'extérieur de ces « phares » vivants que sont les grands artistes, la pièce terminale, qui parle pour la première fois explicitement de la fonction de l'art, reconnaît la dualité de celui-ci; l'art doit « rendre les instants moins lourds » (v. 28), c.-à-d. voiler les terreurs du gouffre. L'art n'apparaît plus comme la panacée universelle[44], et cette constatation négative oblige le poète à pousser ses recherches dans une nouvelle direction.

16. Le cycle de la Vénus noire

De la reine abstraite de la beauté nous passons aux reines en chair et en os. Dans le premier des quatre cycles sur l'amour, Baudelaire nous présente une femme qui, en quelque sorte, résume sa doctrine, nouvelle instance de l'usage constant qu'il fait de la technique de la préfiguration. Il est donc logique que la première soit tout aussi ambiguë que la statue de la beauté.

La transition pose un problème de découpage, puisqu'en 57 XXII était précédé des *Bijoux* (PC I): ce poème appartient-il au cycle de l'idéal ou à celui de l'amour? S'opposant à la tradition critique, Hans Sørensen. *Cycle* 223 le rattache à l'idéal: « *Les Bijoux* posent un problème d'esthétique: l'attitude de l'artiste devant le motif même de son poème. » Il allègue en outre

---

[43] Cette correspondance entre structure idéologique et structure compositionnelle dans le cycle de l'idéal a été démontrée par Hans Sørensen dans une étude magistrale malheureusement publiée en danois (*Baudelaires ideal*).

[44] Dans l'édition de 57, XX et XXI n'existaient pas, de sorte que la dualité de l'idéal ressortait moins nettement, de même que la fin du groupe apparaissait comme plus linéaire que cyclique (sans rappel du début). Rappelons aussi la fonction *préfigurative* du poème terminal qui renvoie à la conclusion du dernier poème du recueil. Cf. p. 91.

que puisque XX et XXI sont intercalés, en 61, à la place du poème condamné, et que ces deux pièces qualifient sans doute possible l'idéal, il n'y a aucune raison pour ne pas assigner la même fonction au poème primitif[45]. Quoi qu'il en soit, on doit convenir que *Les Bijoux* sont, en tout cas, une *pièce de transition*, et la difficulté de la placer tient évidemment à la technique baudelairienne de l'estompage des divisions que nous connaissons bien désormais. En effet, cette pièce nous fait voir la statue qui s'*anime*, devient femme – et monstre![46]

Tel qu'il se présente actuellement, le début du cycle, dont la fonction évidente reste d'introduire la femme *réelle*[47], est en tout cas délimité assez clairement, savoir par la technique du rappel. En effet, *Parfum exotique* reprend sur le mode personnel la fin de la série de la misère du poète (XII), rapport signalé d'ailleurs par Feuillerat 241 et Prévost 182; là, c'était un souvenir lointain (au passé composé), ici, c'est une expérience concrète (au présent), mais transposée: l'aventure exotique, désormais dépassée, n'est plus qu'une émanation de la maîtresse[48], d'ores et déjà le pays de la nouvelle

---

[45] On pourrait retourner le raisonnement de Hans Sørensen en lui demandant de nous expliquer pourquoi XXII n'appartient pas, lui aussi, au cycle de la beauté. En effet, ce poème a apparemment la même technique que XXI: tous deux s'adressent à une femme, « tu », dans un discours entièrement au présent! Mais la différence technique est évidemment que, tandis que dans XXII le « je lyrique » réapparaîtra de plein droit, il est pour ainsi dire escamoté, dans XXI, au profit d'une troisième personne générique (v. 4 « on », v. 8 « le héros », . . . v. 19 « l'amoureux », etc.) – sauf dans la question rhétorique des v. 23–24.

[46] Les pièces condamnées posent d'ailleurs une question de principe. Sauf précisément *Les Bijoux*, Baudelaire en a laissé la place vide dans l'édition 61. Dès lors, faut-il les réintroduire dans le recueil avant d'entreprendre l'analyse de sa composition, comme le suggèrent Pichois-Pommier (FM, éd. Club des Libraires) ? Je pense que non, puisque nous n'avons aucun moyen de savoir si leur absence correspond à une « case séquentielle » vide: le cas échéant, Baudelaire aurait pu nous en informer en mettant trois étoiles à leur place! Bien sûr, parallèlement à l'analyse interne, il faut réfléchir sur les rapports créés par l'insertion éventuelle de ces poèmes. A l'inverse de ce qui était le cas dans l'analyse paradigmatique, il faut d'ailleurs aussi exclure de notre examen les NFM. Comme nous ignorons tout de la place à laquelle Baudelaire aurait pu les insérer dans son recueil (l'exemplaire annoté de la main de Baudelaire de l'édition 61 ayant disparu), nous sommes incapables d'en tirer argument pour dégager la structure temporelle (syntagmatique) du recueil effectivement édité.

[47] A noter qu'à la femme-statue du cycle de l'idéal manque précisément la qualité dominante de la femme réelle du cycle de l'amour, qualité formant le centre du poème initial: le parfum!

[48] Il est extrêmement significatif que, dès le début des poèmes d'amour, Baudelaire emploie ainsi la technique de la *transposition* qui y sera constante. V. infra.

aventure charnelle. Les correspondances avec XII parcourent XXII avec une persistance vraiment extraordinaire[49].

XII	XXII
v. 2. soleils marins	v. 2. milieu maritime
v. 5–8 les houles (cf. v. 9. vagues) ...	v. 11. vague marine
v. 9–10 volupté calme et exotique ...	v. 5–6 nature paresseuse et exotique
v. 11–12 les esclaves	v. 7–8 les indigènes
v. 9–11 port?	v. 9 port
v. 11 odeurs	v. 12 parfum
v. 14 âme[50]	v. 14 âme

Les trois aspects de la femme

Pour saisir l'architecture de ce cycle, je crois nécessaire de brosser d'abord le portrait de la Vénus noire, cette première incarnation de l'idéal. Cela nous permettra ensuite de comprendre le processus capital de l'*aliénation* qui, sous sa forme technique, la *transposition*, expliquera l'ordre dans lequel se succèdent les poèmes sur Jeanne la mulâtresse.

Au physique, cette femme ne varie guère à travers le cycle. Noire (plus souvent appelée brune, d'ailleurs), aux cheveux et aux yeux noirs[51], elle est grande et mince. Or, au moral, cette netteté disparaît au profit d'une ambiguïté tripartite qui correspond exactement à celle que j'ai dégagée dans la structure du signe poétique baudelairien. Déjà ses yeux noirs tantôt apparaissent comme des pierres précieuses, dures et froides (p. ex. XXVII) – et c'est là leur trait le plus fréquent qui correspond à la prédominance générale de la négativité dans le signe – tantôt ils se creusent pour former « la citerne où boivent (les) ennuis (du poète) » (XXVI, 8) ou « les soupiraux de son âme »

49 Il est bien évident que XXII correspond aussi à XIX en ce sens justement qu'il est la réalisation du rêve freudien de la maîtresse-mère dont se délectait le jeune poète.

50 Le rapprochement a d'ailleurs été justifié par l'analogie qu'établit Carlo M. François (MLN 73 (1958) pp. 194–200) entre la *Vie antérieure* et le rêve haschichin décrit dans les *Paradis artificiels* (Pléiade I 510–11). Il souligne ainsi la présence dans la *Vie antérieure* du thème de l'évasion mystique qui sous-tend tous les cycles de l'amour.

51 Par cette constance elle se distingue des deux autres héroïnes: les yeux de l'ange sont clairs, mais leur couleur exacte reste indécise, et ceux de la belle sorcière, chatoyants, sont donnés comme véritablement ambigus (cf. « Ton œil mystérieux (est-il bleu, gris ou vert?) », L *Ciel brouillé* 2).

(XXVI, 9)[52]. De même la femme du cycle peut symboliser, dans la vie de l'homme, une force soit négative, soit positive, soit encore synthétique, dualité instable qui est peut-être le mieux résumée par l'oxymoron violent de l'apostrophe de XXV, 18: « O fangeuse grandeur! sublime ignominie! »

1) attitude négative: la statue-vampire – XXXI poème définition; XXIV, XXV (voir v. 4), (XXVI)[53], XXVII, XXXI, XXXII, XXXIV, XXXV, XXXVII, XXXVIII 3.
2) attitude positive: la mère des souvenirs – XXXVI poème définition, XXII, XXIII, (XXVI), XXXVI, XXXVIII 2.
3) attitude négative-positive: l'amour – la mort > l'art – XXXIX poème définition; XXIX, XXXIII, XXXVIII 1 (souvent proche pourtant de la négativité totale) et 4, XXXIX.

On retrouve la même disposition ternaire si l'on part, non de l'attitude de la femme, mais de celle de l'homme: normalement passif, l'homme réussit parfois, dans un suprême effort, à saisir l'initiative, réalisant ainsi en de rares instants une synthèse érotique de nature essentiellement sadique. La faiblesse de la positivité érotique transparaît ici dans le fait qu'elle ne peut se réaliser que dans une passivité égale de part et d'autre (l'évasion.)[54], tandis que la forte négativité est marquée par l'opposition dominant le cycle de l'homme passif et de la femme active. Nous pouvons schématiser ces rapports de la façon suivante:

Valeurs.	Force incarnée par la femme	Attitude de la femme	Attitude de l'homme
÷	statue-vampire	active	passive
+	mère des souvenirs	passive	passive
÷ +	amour + mort > art	passive	active

[52] Voir le premier chapitre p. 68 sq.

[53] Les parenthèses indiquent que le poème m'a paru trop ambigu pour qu'on puisse le classer avec certitude.

[54] Il importe de souligner que la vraie positivité érotique des grands poètes de l'amour (p.ex. Eluard), celle où la femme et l'homme adoptent également une attitude *active* l'un en face de l'autre, manque complètement chez Baudelaire. Cette « défectuosité » logique qui apparaîtra clairement dans le schéma de la page suivante est évidemment parallèle à celle qui caractérisait le tableau des valeurs du signe que je dressais à la fin du chapitre précédent.

Au premier abord, l'attitude à valeur négative de la femme peut déjà paraître composite, puisqu'elle est symbolisée par deux signes poétiques, deux objets représentés de nature fort divergente: la *statue*, qui symbolise la froideur, la beauté inaccessible, et le *monstre*, vampire, fantôme, Belzébuth, etc., qui symbolise le rapport perverti entre l'homme et la femme. Or, en réalité, ces deux signes ne font que marquer des étapes dans le processus d'aliénation qui caractérise le rapport du poète aux objets du monde, processus général qui prend la forme de la *réification* lorsqu'il s'agit de la femme et de l'amour. Ainsi, ce qui unit les deux termes de la pure négativité féminine, c'est le concept de l'animalité ou, mieux, de la déshumanisation: par tous les champs sémantiques dans lesquels elle entre, la Vénus noire s'allie à des qualifications non humaines. J'en ai donné un exemple dans le premier chapitre en montrant le rôle particulièrement actif de la *chevelure* dans ce processus de réification.

17. La technique de la transposition

Sur le plan de l'expression poétique, ce processus se traduit par la technique de la *transposition*. Comme on vient de le voir, la femme du cycle n'existe qu'en vertu des métamorphoses auxquelles elle participe, elle n'est pas seulement une femme, mais toujours autre chose. Cette transposition de la femme est conforme à un procédé presque constant à travers tout le recueil: très souvent le poète « dépayse » ainsi l'objet humain, le transplantant dans un autre domaine sémantique.

Dans son aspect le plus voyant – mais aussi le plus traditionnel – cette technique apparaît dans les *allégories* baudelairiennes; souvent celles-ci mettent en scène des êtres humains qui se transforment en spectres ou en symboles abstraits (v. p. ex. LXX et le cycle des grotesques[55]). La série d'images d'hommes supérieurs était de la même nature: des tableaux allégoriques s'y transformaient en emblèmes abstraits. Telle est d'ailleurs la fonction de tous les poèmes qui décrivent des tableaux[56]: par la transposition allégorique, ils témoignent de la recherche d'une vérité supérieure à l'homme (v. p. ex. Epaves II, *Sur le Tasse en prison*).

En effet, la technique ne saurait se comprendre en dehors du cadre de

[55] Il va sans dire que Baudelaire connaît aussi l'allégorie plus traditionnelle faisant représenter à des objets des vérités humaines générales: LXXIII.

[56] On trouve la liste et la reproduction des tableaux qui ont pu inspirer Baudelaire dans l'édition Club des libraires réalisée par Pichois et Pommier. Le sujet a été étudié p.ex. par Prévost et Castex.

l'ontologie du cosmos poétique baudelairien. Elle est la traduction de son principe général qui est l'effort pour constituer un ordre nouveau où les choses entrent dans des constellations stables et harmonieuses (cf. IV et la doctrine mystique qui en découle, magistralement décrite par Jean Pommier). Or – et ce sera la leçon des FM – ces efforts pour assurer la stabilité (l'éternité) des valeurs par la transposition de la mouvante réalité n'ont de chance de réussir que dans la mesure où l'on peut convertir la vie en objets en dehors du temps, objets dont on peut jouir en maître absolu – processus qui aboutira inévitablement à nier la vie et à exalter la mort, la grande porteuse d'infini.

Rien d'étonnant, dès lors, à ce que la technique de la transposition imprègne particulièrement la représentation de l'amour, domaine du « vert paradis » de l'idéal du jeune poète, et que ce soit là qu'elle acquière sa pleine originalité. Dès le cycle de l'idéal, la technique fait entrevoir comment le poète envisage ses chances de vivre l'amour. Dans XIX la géante est ainsi transformée en *paysage* dont le poète peut parcourir les courbes, ou dans lequel le poète, métamorphosé à son tour en hameau, peut retrouver la stabilité de la montagne. Dans le cycle de Jeanne, ces « correspondances » mystiques se multiplient. XXII, proche, ici aussi, du cycle de l'idéal, transforme également la femme en paysage, par l'intermédiaire du parfum, transposition systématisée dans le poème suivant.

Précisément cette espèce particulière de transposition, la *femme-paysage*, est employée surtout dans les passages qui décrivent l'idéal ou du moins l'oubli (l'évasion), c.-à-d. les deux attitudes relativement positives de l'univers baudelairien. En effet, cette présentation de la femme permet au poète d'en prendre possession, d'entrer en contact personnel avec elle, *sans s'y perdre* (comme il le ferait dans un gouffre). On peut aussi envisager cette technique sous l'angle du processus fondamental en vertu duquel le monde extérieur est intériorisé, et elle représente alors une étape intermédiaire où le « je » et le « elle » coexistent en une harmonie qui sauvegarde leur intégrité respective. Pour des exemples de la technique v. infra p. 114 et p. 123.

De XXIV à XXV nous trouvons une « animalisation » progressive de la femme: d'abord « vase de tristesse » (XXIV, 2), ensuite « bête implacable et cruelle » (v. 9) à travers un état de paysage (v. 7), comme dans la géante (cf. XIX, 10), pour aboutir finalement au statut de « vil animal » (XXV, 17). Si l'on pousse un peu le procédé, l'animalité se convertira en pourriture (condition commune de tout ce qui vit): la charogne de XXIX, cadavre symbolisant aussi la force de la mort, et le vampire (XXXI, 24). Plus allégorique, XXVI se contente de transformer la « bizarre déité » (v. 1) en « mégère libertine »

(v. 12)[57], tandis que XXVII et XXVIII vont au bout de la pensée du poète: d'abord statue, ensuite serpent, nous sommes tout préparés à la voir devenir statue funéraire (XXXIII) ou chat (XXXIV)[58]. La fin du cycle porte à son comble cette technique: le fantôme de la femme (XXXVIII, 1) s'évapore en parfum, naturellement par l'intermédiaire du catalyseur réificateur de la chevelure (XXXVIII, 2, v. 23); puis la métamorphose conduit à l'animalité parfaite du singe, animalité dont la permanence n'est assurée que si elle est transformée en *chose*, c'est à dire en portrait (cf. supra sur le rôle des tableaux allégoriques); enfin, devenue portrait, la femme ne conquiert l'atemporalité mystique parfaite que si elle est transcrite en *poésie* (XXXIX).

18. Cohésion interne du cycle

A la lumière de ces réflexions sur l'animalité de la femme, le principe général de la réification et la technique de la transposition, la composition du cycle me paraît dessiner une ligne cohérente. Son évolution semble reproduire une opération progressive d'aliénation selon la formule:

femme → animal → objet (esthétique)

Comme nous l'avons vu, le début et la fin du cycle précisent le thème central de la transposition, d'abord par le souvenir érotique (le parfum), à la fin par le souvenir esthétique (le vers). C'est d'ailleurs pour bien souligner cette composition circulaire que Baudelaire place, au début et à la fin, un groupe de deux poèmes sur le thème central du cycle: la fonction de la femme comme principe salvateur de transformation du monde. Entre ces deux termes se place l'histoire d'un échec: la transposition aboutit à la mort à travers la charogne. Cependant un autre principe prend la relève, tiré cette fois de la force poétique même: la transposition par l'art. En réalité, l'avant-dernier poème du cycle (*Un Fantôme*) est là pour nous assurer de la validité d'une telle lecture « romanesque », puisqu'elle résume, nous venons de le voir, les étapes à travers lesquelles le poète a dû passer pour trouver l'apaisement relatif de XXXIX: c'est par l'art que le poète a vaincu la femme-vampire

57 Démarche analogue dans XXXVII: « lune de ma vie » (v. 2) transformée en « Belzébuth » (v. 14).

58 Notez la correspondance cyclique des quatre poèmes.

qui, dans la vie réelle, le terrassait! Si le début du cycle faisait écho à la série de la misère du jeune poète qui ne faisait que rêver de femmes idéales, sa fin reprend aissi le cycle de l'idéal, célébrant la pérennité de l'art, synthèse du démon et de l'ange[59].

Les grandes lignes du cycle sont donc déterminées par le principe cyclique. Sa disposition interne semble moins stricte, gouvernée surtout par un principe d'*alternance*, entremêlant les différentes configurations de la femme[60]. Aussi est-il difficile de subdiviser le cycle en séries. Illustrons cette démarche alternée par une analyse rapide de la progression.

Après le poème introductif, où la femme n'est encore que parfum, nous trouvons une petite série (XXII–XXV), illustrant une extériorisation progressive de la femme, accompagnée, de façon significative, d'un éloignement grandissant du poète: dans XXIII apparaît la vraie femme aux cheveux noirs, mais son action reste d'ordre spirituel; dans XXIV la femme s'éloigne en même temps qu'elle gagne en précision (V. p. ex. v. 10 qui fait penser à la statue de XVII), mouvement accompli dans XXV, portrait de la femme vampire, d'où le poète est entièrement absent[61]. La progression peut se résumer ainsi: femme-oubli (porte d'accès à l'idéal) → femme-statue (idéal, mais insensible et inaccessible) → femme-vampire (idéal inversé, accessible seulement par la mort). Les trois textes suivants développent différents aspects de ces attitudes: XXVI reprend XXIII avec un rappel final de XXI, tandis que XXVII anime la statue de XXIV et que XXVIII combine la femme-oubli de XXIII avec la statue animée. Cependant XXVIII entre aussi, certainement, dans un rapport de contraste avec XXIX qui introduit le thème nouveau de la dissolution et de la mort, opposant aissi le corps en putréfaction au corps glorieusement beau du texte précédent.

XXX semble en dehors du cycle, puisque le rapport avec la femme est très faible (apostrophe du premier vers). Il faut le comprendre comme une manifestation de la tendance « asymétrique » du poète qui place, au milieu du cycle de l'amour, une préfiguration d'un cycle à venir, celui du spleen (rapport assuré d'ailleurs par le titre primitif du poème, *Le Spleen*). On pourrait peut-être le regarder comme l'introduction explicite du ton *personnel* qui va imprégner la petite série des trois poèmes suivants.

---

59 Comparez XXI, 25 « De Satan ou de Dieu, qu'importe? Ange ou Sirène » et XXXIX 9 « être maudit » – « grand ange au front d'airain » (v. 14).

60 Cf. la liste des groupements thématiques donnée p. 110.

61 Cf. Sørensen *Cycle* 224 qui insiste avec raison sur les multiples rapports thématiques qui justifient la place de XXV dans le cycle de la Vénus noire.

XXXI retourne brusquement au thème de la femme-monstre, mais en insistant précisément sur son rapport pénible avec le poète[62], de même que XXXII, qui varie le thème de la femme-statue, représente l'échec (symbolisé par le fait que le rapport revêt une forme *médiatisée* par une autre femme) qu'éprouve le poète à établir un rapport personnel avec la statue; enfin XXXIII concrétise l'exemple de la charogne (XXIX)[63]. XXXIV, nouvelle variation très brillante de la femme-statue, ne semble rien apporter au développement de la pensée, mais il forme avec XXXV un petit groupe de transpositions allégoriques, d'autant plus que *Duellum* me paraît être l'une des nombreuses descriptions de tableaux. Le dernier poème est pourtant important, parce qu'il explicite pour la première fois le thème de l'amour-haine.

Avec XXXVI commence la série terminale, marquée par le passage au *passé*: l'expérience est terminée; reste à en tirer la leçon. Ainsi le poème porte le thème de XXII et de XXIII à son comble, ce que fait également XXXVII pour le thème de la femme-monstre (XXV): le poète crie sa passivité, son esclavage total. Quant aux deux derniers poèmes, j'en ai déjà montré la fonction cyclique. Nous pouvons illustrer cette analyse par le schéma suivant:

Schéma de la progression du cycle de la Vénus noire

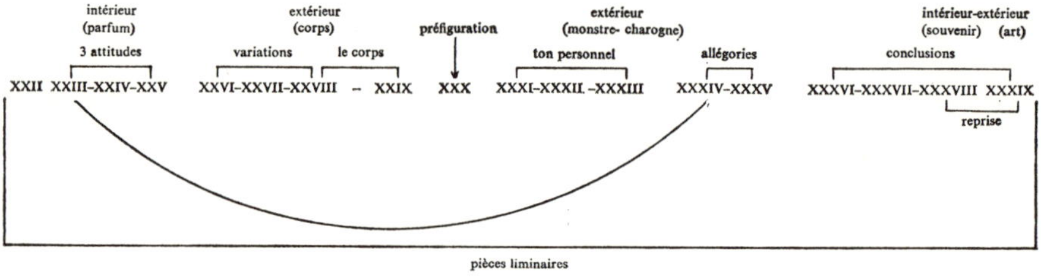

19. Le cycle de l'ange

Baudelaire a très nettement signalé qu'il s'adresse ici à un autre type de femme par le simple changement de pronom[64]: S'il a toujours tutoyé

---

[62] Après XXXI venait en 1857 *Le Léthé* (PC II) qui en développe la pensée, en même temps qu'il établit la liaison entre la femme-vampire et la femme-oubli (XXIII).

[63] Dès l'édition 1857 Baudelaire a d'ailleurs voulu « personnaliser » ce texte – qui appartient aux plus vieux – dont le ton n'est pas loin des emblèmes baroques du cycle de la mort, en ajoutant la dernière strophe (qui manquait à l'autographe).

[64] Sur le rôle similaire de la *parole*, voir quelques lignes plus loin.

Jeanne, il s'adresse à la belle présidente avec un « vous » respectueux, sauf dans les deux derniers poèmes où le poète entre en contact direct avec elle. Par là, ce petit cycle esquisse déjà une évolution dans les rapports du poète et de la femme puisque Baudelaire montre ainsi que la femme est maintenant plus distante. Comme nous savons depuis le cycle précédent que la distance s'accompagne d'une extériorisation, rien d'étonnant à ce que l'ange soit douée de plus de réalité objective. En effet, contrairement à la femme réifiée, l'ange conserve toute son altérité subjective que le poète ne réussit pas à subjuguer, pas davantage qu'il ne s'y laisse perdre.

Dans de nombreux détails Baudelaire a pris soin de souligner le contraste avec la Vénus noire, ce qui ressortira en particulier d'une comparaison entre XXV, 18 (« fangeuse grandeur ») et XLII, 14 (« l'Ange gardien »): « ange » est le terme le plus constamment appliqué à Mme Sabatier. Absent des deux premiers poèmes du cycle[65], le terme se retrouve dans: XLIII[66], XLIV, 1, poème qui résume tous les traits angéliques de la femme aimée: gaieté, beauté, santé, bonté, bonheur; XLV, 25; XLVI, 8 (« Chère Déesse », variante évidente); enfin le terme ne figure pas dans XLVII dont le ton continue néanmoins à placer la femme dans la même sphère de religiosité idéalisée (le v. 16 est le seul où la femme apparaît). Cette transposition de la femme en souvenir est accomplie dans le dernier texte du cycle, qui reprend le terme dans un pluriel généralisateur (XLVIII, 27)[67].

Un des traits les plus frappants de l'ange, et qui souligne son altérité, sa distance, est sa faculté de *parler*: Jamais nous ne voyons Jeanne parler: l'ange ne s'en prive pas (XL, XLII, XLV). Cette particularité permet aussi de déceler avec certitude le début du cycle, puisque les premiers vers du cycle sont formés, précisément, par une réplique de la « Madone » (XL, 1–2). A ce trait s'ajoute celui du *bruit*, en particulier le son éclatant de sa voix (XL, 6; XLV, 17)[68], signe de sa *joie* constante[69] qui nous mène enfin à son caractère enfantin (« rire enfantin », XL, 10; XLV, 21).

---

65 On peut dire que dans XLI sa présence implicite est attestée par l'apparition de son antonyme « le Démon » (v. 1).

66 Ici c'est l'ange qui a façonné les yeux de la femme, yeux qui jouent exactement le rôle de l'ange gardien.

67 Notons en passant qu'à l'occasion la Vénus noire était aussi qualifiée d''ange' et similaires: XXVI,1 (« Bizarre déité » – à noter l'abstraction du terme comparé à « déesse » appliqué à l'ange); XXIX, 40, qu'il faut comparer à XLII, 14.

68 Cf. le gouffre qui nous a enseigné la valeur négative du *silence*. Il est donc certain que pour Baudelaire le bruit est un signe de vitalité expansive.

69 Cf. PC III *A celle qui est trop gaie*, placée en 1857 après XLII, mais par ailleurs assez mal accordé aux autres thèmes du cycle.

A cette netteté du portrait correspond, me semble-t-il, un mouvement très clair dans la progression du cycle, mouvement qui va de l'extérieur à l'intérieur, au contraire de celui du cycle précédent qui commence par l'intérieur, passe par l'extérieur, pour retrouver enfin l'intérieur avec le souvenir, de nouveau extériorisé par l'art. Au début du cycle l'ange est toute distante: au fond du cœur du poète, elle existe seulement comme un mensonge (XL, 12); elle existe donc uniquement sur le plan extérieur. Dans XLI le poète commence l'intégration de la femme aimée: du mensonge nous passons à la « métamorphose mystique » (v. 21) qui s'accomplit dans XLII. Le « fantôme » devient tout à fait vivant dans XLIII, au titre significatif *Le Flambeau vivant* qui développe XLII, 11. Enfin XLIV consacre triomphalement le rapport que le poète a établi avec l'ange gardien. XLV est le point tournant du cycle: si XLIV signifie un équilibre mystique entre l'extérieur et l'intérieur[70], *Confession* humanise soudain la femme dont nous voyons l'intérieur. Aussi, au lieu de progresser dans sa transposition mystique, elle retombe dans l'existence fantômatique (XLVI, 13) et se transforme finalement en *souvenir*, c'est à dire retrouve le statut instable et problématique du *mensonge* du début (XL). Seulement, la femme a perdu ici jusqu'à son altérité indépendante, puisqu'elle n'existe plus que dans l'esprit du poète: XLVII, 16 (« Ton souvenir en moi ... »). Dans XLVIII la femme a complètement perdu son individualité: elle n'est plus qu'un parfum, dont le vase est le poète.

La démarche rappelle ainsi celle du premier cycle où le problème de l'amour aboutit finalement à celui du souvenir, avec la différence importante que le cycle de l'ange ignore la transposition par l'art.

Résumons de nouveau l'analyse par un petit graphique:

extérieur — ext.-int. — intérieur

XL–XLI–XLII–XLIII–XLIV — XLV — XLVI–XLVII–XLVIII

⟶ axe d'intériorisation

---

[70] Peut-être peut-on justifier la place d'*A celle qui est trop gaie* (cf. note 69) qui commence en un sens cette transposition de la femme aimée en fantôme, puisque la pièce condamnée présente la femme comme objet d'un rêve sadique, après un début où elle garde encore sa clarté rayonnante.

20. Le cycle de la belle sorcière

Le poème terminal du cycle de l'idéal évoquait deux types extrêmes de beauté: la sirène de la perdition et l'ange du salut (voir XXI, 25). Tels sont les types de femme qui ont été peints par les deux premiers cycles de l'amour. Cependant l'*Hymne à la beauté* faisait entrevoir une femme qui réconcilierait en elle les deux principes: il s'agit de la «fée aux yeux de velours» (XXI, 26) qui apparaît dans ce troisième cycle d'amour. En effet, il dessine un type intermédiaire de femme qui réunit en elle les traits de la sirène et de l'ange, tout en restant d'une individualité bien marquée, c'est-à-dire représentant l'effort de synthèse dans le système ternaire baudelairien.

La moitié des poèmes du cycle explicitent la double nature de la belle sorcière puisqu'ils qualifient la femme de traits antithétiques qui, dans le système baudelairien, sont en principe irréconciliables. Caractéristique est sur ce point la qualification du pelage (chevelure) du chat (LI, 25) « De sa fourrure blonde et brune »: ce sont les couleurs réunies de la Vénus noire et de l'ange. Sur le plan érotique XVI, 23 montre la même ambiguïté, qui rappelle les deux femmes antérieures: « Amante ou sœur », et ailleurs la fée révèle à la fois la dangereuse maturité de Jeanne et la gaie jeunesse enfantine de Mme Sabatier: LII, 15–16 («(...) ta beauté / Où l'enfance s'allie à la maturité », cf. ib. v. 12 « majestueuse enfant »); l'innocence de son amour est précisée par LIII (v. 1. « Mon enfant, ma sœur »).

Au lieu de double nature, il serait peut-être plus juste de parler d'ambiguïté, puisque les contraires s'estompent dans cette femme qui, plutôt qu'elle ne les harmonise, les dissout dans le flou et dans l'incertain. Ce phénomène de l'estompement des contraires se révèle pleinement dans le traitement des yeux. Il est certain que la belle sorcière se distingue radicalement de ses rivales par la couleur de ses yeux *verts*, couleur placée au début même du cycle comme le clair signal d'un nouveau départ: « De tes yeux, de tes yeux verts » (XLIX, 12). Nous avons vu que la Vénus avait, bien sûr, les yeux noirs, tandis que l'ange avait les yeux clairs des héroïnes pétrarquistes. Or, le vert de XLIX n'est si péremptoire qu'à cause de sa fonction de signal introducteur, car, partout ailleurs, le cycle nous parle précisément d'yeux à la couleur incertaine, insolite, sans doute, mais dont la nuance exacte s'avère très difficile à saisir: L, 2 « Ton œil mystérieux (est-il bleu, gris ou vert?) »; LI, 38 « prunelles pâles »; LIII, 8–11 « Les soleils (...) / De ces ciels brouillés / (...) ont les charmes / Si mystérieux / De tes traîtres yeux »;

LVI, 17 « J'aime de vos longs yeux la lumière verdâtre »; LVIII, 32 « Ton œil doux comme la lune »[71].

Justement le *mystère*[72] est le trait dominant de cette femme « enchanteresse » (LII, 1) et la synthèse qui tente à travers elle de se faire jour est de nature *magique*. Voilà pourquoi je propose d'intituler le cycle celui de la *belle sorcière*. C'est le mot employé par LIV (v. 11) qui joue dans ce cycle le même rôle que XLV pour celui de l'ange: il définit le « titre » du cycle, c'est à dire le type de femme qui y est évoqué. Or, *tous* les poèmes du cycle (sauf LVI) contiennent d'une façon ou d'une autre, des traits qui contribuent à fixer ce portrait de la femme aux pouvoirs mystérieux, participant de la double nature baudelairienne, à la fois vampire satanique et fée bienveillante.

Tout d'abord les yeux verts de XLIX évoquent naturellement la sorcière de la tradition populaire, capable de « charmer » hommes et bêtes[73]. Cette vertu maléfique du regard[74] explique que le v. 11 parle de la prison des yeux et le v. 16 du terrible « prodige » de la salive[75]: ce sont deux formes du *philtre* magique, mot qui revient souvent dans le cycle. La voix, autre instrument magique typique de la sorcière qui peut endormir les douleurs et provoquer l'extase, est un philtre dans LI, 12–14; LIV, 6 allie le mot de philtre au vin, comme au début du cycle; LII, 31–32 montre directement les sorcières qui brassent leur philtre noir[76]; enfin le dernier poème parle des « phil-

---

[71] Il importe d'ailleurs de relever l'importance des couleurs dans le cycle, importance soulignée d'une façon presque programmatique par sa dernière strophe (LVIII,37–48 « Par toi, lumière et couleur »). V. p.ex. la palette bariolée de LV,1, LVI,27–28 ou LVII,5. Le coloris du cycle correspond naturellement à sa tonalité automnale cf. infra p. 122 et p. 135.

[72] Les épithètes de *mystérieux* et d'*étrange* qualifient la belle sorcière dans plus de la moitié des poèmes du cycle. « Mystérieux »: L,2; LI,21; LIII,10; LVI,16; LVIII,26; cf. LII,22 « secrets »; « étrange » LI,22; LII,38; LVIII,2.

[73] Ce pouvoir magique est déjà suggéré, aux v. 2–3, par l'usage des épithètes « miraculeux » et « fabuleux ».

[74] Vertu qui explique aussi LI,33–34: les yeux qui attirent la personne « charmée » comme un aimant. Cf. LIII,9; LV,12–14; LVIII,4.

[75] Justement un autre des traits constants, contribuant à l'aura mystérieuse qui nimbe la sorcière, est la *vaporité humide*, qui se combine d'une façon remarquable avec le thème des yeux: dans XLIX,13 les yeux sont des lacs, dans L,1 le regard est couvert d'une vapeur et LIII,7–12 développe merveilleusement cette correspondance mystique entre l'atmosphère automnale humide et les yeux en pleurs.

[76] Cf. dans le même poème, v. 22–24, la gorge pleine de « bonnes choses », c'est à dire de philtres magiques « qui feraient délirer les cerveaux et les cœurs! »

tres les plus forts » (LVIII, 17). Le deuxième poème du cycle explicite davantage encore cet aspect, parlant du regard mystérieux (v. 2), de cœurs ensorcelés (v. 6), de femme dangereuse et de séduisants climats (v. 13); nous avons déjà vu des exemples du pouvoir magique du chat (LI), mais c'est LII qui emploie pour la première fois, à deux reprises, le mot propre: « O molle enchanteresse » (v. 1) et « sorcières » (v. 32); LIII parle seulement des « charmes de tes yeux » (v. 9, cf. v. 32–34), tandis que LIV applique carrément tous ces traits à la femme (v. 11 « belle sorcière », v. 31 « admirable sorcière »); LV, 12–14 revient à la vertu magique des yeux; enfin LVII porte l'exaltation du mystère à son comble, célébrant une étrange Madone qui foule aux pieds (v. 25–26) le serpent maléfique (poison, philtre et vertu érotique!). Le poème terminal reprend à la fois le mot (LVIII, 4) dans sa liaison caractéristique avec les yeux (« Sorcière aux yeux allèchants ») et l'attitude générale de la sorcière (v. 11–12).

D'une part cette belle sorcière rappelle donc le vampire du premier cycle, c'est la « femme dangereuse » (L 13), martyrisée dans LVII, mais triomphante dans LVIII 26–28. Aussi ses yeux à la couleur troublante peuvent-ils briller avec l'éclat du feu (LI 38; LV 13), éclat transféré aux yeux du poète dans LVII 32. D'autre part elle apparaît avec certains traits de l'ange du second cycle, comme LI 21–24 nous le précise:

« (. . .) chat mystérieux,
Chat séraphique, chat étrange,
En qui tout est, comme en un ange,
Aussi subtil qu'harmonieux! »

Cependant, conformément à sa fonction synthétique, le caractère dominant de la belle sorcière n'est ni nettement « dangereux » ni clairement bénéfique, car c'est une *fée* (LI 32 et LIV 43, cf. la nymphe de LVIII 16) *douce*. Justement l'épithète « doux » est la plus fréquente du cycle: L 3; LI 3, LII 8 et 28, LIII 2, LVI 18, LVIII 32, et dans son champ sémantique[77] entrent un grand nombre d'épithètes analogues: LII 1 « molle (enchanteresse) », LVI

---

[77] On pourrait peut-être inscrire le portrait de la belle sorcière dans trois champs sémantiques étroitement liés et apparentés:

liquidité	vampire	1)	mystère – charme – philtre – poison
	ange	2)	paresse – douceur – pâleur – lumière voilée (lune)
	synthèse	3)	chaleur – tiédeur – vapeur – larmes

21 « tendre », « langoureux » (LVIII 24), « paresseux » (LII 28, cf. LVIII 18), etc. Voilà bon nombre de ces signes poétiques qui, comme nous l'avons vu dans le premier chapitre, caractérisent l'*évasion* baudelairienne, thème fortement mis en relief dans le premier texte du cycle, ce qui est d'autant plus important que l'évasion était justement absente du cycle de l'ange. La sorcière qui endort l'âme tourmentée et apporte l'oubli rappelle ainsi la dangereuse Vénus, mais l'évasion est d'une autre nature. Si Baudelaire ne veut pas – ou ne peut pas – dépeindre l'union d'une femme et d'un homme également actifs (V. supra p. 111), il lui reste la possibilité d'un accord parfait basé sur l'abandon total de deux êtres dans un même gouffre mystique, donc l'union d'une femme et d'un homme passifs tous deux. C'est là, précisément, la relation humaine qui est à la base de l'évasion tentée avec la belle sorcière, évasion qui est maintenant *accompagnée*. Le poète ne pénétrait dans Jeanne que pour mieux s'élancer dans son propre royaume spirituel. Ici il *emmène* « son enfant, sa sœur » dans le voyage mystique, il essaie donc de réaliser l'amour, non plus par le seul souvenir, mais par l'union réelle, bien que mystique, de deux êtres en chair et en os, solidarité amoureuse le mieux évoquée, peut-être, dans LXII qui reprend le thème du troisième cycle (voir infra p. 129 sq.).

21. Les trois femmes de Baudelaire

Pour parfaire le portrait de la belle sorcière, il nous reste à montrer comment elle complète la typologie féminine baudelairienne. Pour notre poète, l'existence de la femme se manifeste en quatre « zones » qui se présentent comme les voies d'accès ouvertes à l'homme vers la femme: les yeux, la voix, le corps, le parfum. Ces zones se rangent sur les deux axes bien baudelairiens de la matérialité et de la spiritualité selon le modèle suivant:

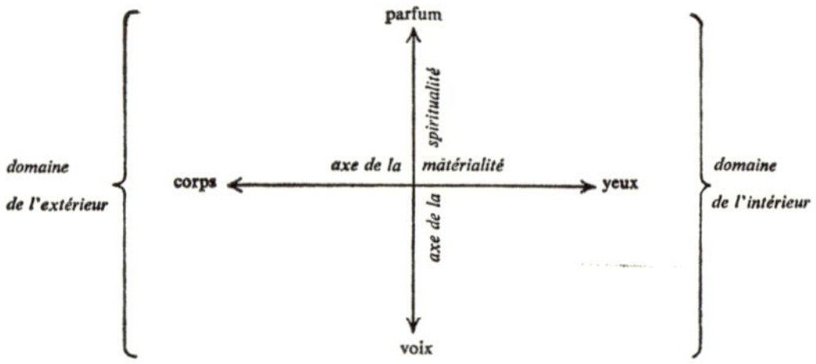

Or, les trois héroïnes occupent des champs complémentaires dans ce système; aucune n'est l'incarnation totale de tout ce qu'est la femme pour Baudelaire; elles ne peuvent que réaliser imparfaitement son idéal:

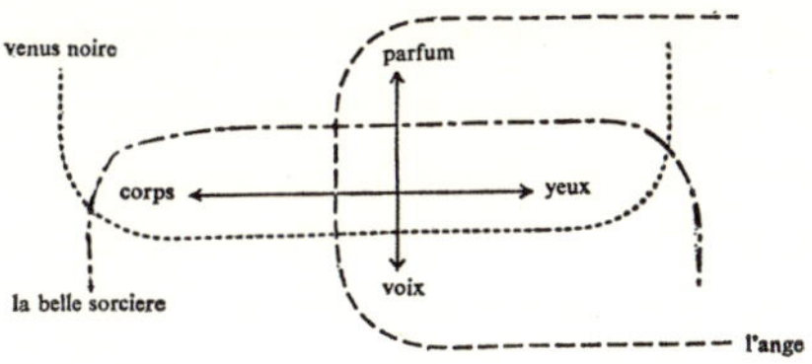

Cette répartition montre assez bien la nature « extérieure », charnelle (physique), de l'amour de la belle sorcière dont on a souvent souligné la sensualité. De même, la figure illustre le fait que la fonction « synthétique » de cet amour se borne finalement à apporter l'oubli, puisqu'il est dominé par la matérialité. Même accompagné de sa fée bienfaisante, le poète ne réussit pas à s'élever dans la sphère de la spiritualité pure; il doit se contenter de se laisser glisser selon l'axe corps-yeux dans le domaine indécis des métamorphoses érotiques. Cependant, il importe de noter que le cycle témoigne d'un effort véritablement sincère pour créer une femme totale. C'est ainsi que le parfum n'est pas entièrement absent, il se dégage, sensuel, de la fourrure du chat (LI 25–28), exactement comme il le faisait de la chevelure de Jeanne (même rapport dans LVIII 9–10), et la gorge ne distille pas que les philtres (LV 11)! D'autre part, le cycle pare aussi la fée des parfums religieux du cycle de l'ange: LVIII 13–16 reprend exactement le thème d'*Harmonie du soir* (XLVIII). Mais il est caractéristique que, porté à son point extrême, le parfum se dissolve en vapeur, comme nous le montre l'orgie olfactive de LVII 34–36; ni ange ni bête, la sorcière demeure ambiguë et insaisissable: protéiforme.

22. Les deux séries du cycle

C'est là ce que veut démontrer la *démarche* du cycle. Rien d'étonnant, dès lors, à ce que la technique de la transposition[78] joue un rôle capital pour rendre le caractère mystérieux de la belle sorcière. L'idée même du cycle est l'analogie, la « correspondance » entre la femme aux yeux verts et le paysage automnal. La transposition est préparée dès L qui commence par la pré-

---

[78] Son aspect mystique est souligné par les nombreuses synesthésies du cycle; p.ex. LIV 42 et LVII 39.

senter comme une simple ressemblance (v. 1 « on dirait », v. 4 « réfléchit », v. 5 « tu rappelles », v. 9 « tu ressembles »), mais se termine sur la fusion entre femme et paysage en une union mystique (à partir du v. 11 « Comme tu resplendis, paysage mouillé ») portée à son comble dans LV (v. 1 « Vous êtes un beau ciel d'automne, clair et rose! ») Le cycle est ordonné autour de deux poèmes qui ne sont que des séries systématiques de transpositions: LII qui métamorphose tous les attraits du *corps*, et LVII qui transpose la sorcière tout entière, corps et âme, en une sorte de sainte de magie populaire[79]. Dans les deux cas, c'est le poète en personne qui se propose de faire le portrait de la femme aimée.

Autour de ces deux points cardinaux les poèmes s'organisent en deux séries; la première, se déroulant sur l'axe de la matérialité, décrit la vertu des yeux, et aboutit à la description complète du corps féminin (LII). Cette série est donc régie par un mouvement d'extériorisation, mouvement d'autant plus manifeste que les yeux, lieu compositionnel de la première série, sont complètement absents de ce poème – comme en font foi directement les deux derniers vers de LII (v. 39–40) qui mettent en scène la femme en mouvement physique:

« D'un air placide et triomphant
Tu passes ton chemin, majestueuse enfant ».

La deuxième série esquisse le mouvement inverse, explorant les possibilités d'évasion, d'abord « physiques » (LVI: le voyage, essai plus intime dans LV: l'éros), puis « spirituelles » (LVI). Elle se termine tout à fait logiquement par la spiritualisation complète de la femme aimée (LVII), traduite, dans les derniers vers, par le mouvement du cœur percé par les sept couteaux des péchés capitaux:

« Je les planterai dans ton cœur pantelant,
Dans ton cœur sanglotant, dans ton Cœur ruisselant! »

La série reproduit ainsi le mouvement sous-jacent à la structure du gouffre: effort de s'élever dans la spiritualité, chute oblique soit dans l'oubli soit dans les affres de la mort.

Le début du cycle est estompé: déjà XLVIII 27 parlait de « prison » et son thème, l'amour-souvenir, n'est pas très loin de celui de XLIX: l'amour-

---

79 Le rapport avec la statue de l'idéal est précisément marqué par la métamorphose de la femme en paysage dans lequel le poète peut se promener: v. 16–17. Cf. *La Géante* (XIX) et supra p. 113.

oubli. Ainsi que je l'ai déjà dit p. 119, le seul signal immédiat de découpage est celui des yeux verts[80], à quoi s'ajoute la sensualité très charnelle, faisant contraste avec l'abstraction de l'ange du cycle précédent. Cependant, dès L, il devient manifeste que nous sommes passés à un nouveau cycle à cause du *climat*. Tout le cycle se déroule en effet vers la fin de la journée et dans la saison intermédiaire de l'automne, moments où les tonalités sont douces et estompées. Ainsi, nous comprenons la valeur compositoire de XLIX 4–5 qui place justement la femme sensuelle dans la vapeur du soleil couchant et dans un ciel nébuleux, milieu qui contraste nettement avec le milieu éclatant de l'aube ou de la mi-journée qui dominait le cycle de l'ange (avec l'exception, il est vrai, de XLVII, *Harmonie du soir*)[81]. Ainsi le début du troisième cycle forme un bon exemple de la technique baudelairienne de l'estompement des découpages, des transitions brouillées et ambiguës.

De même que nous avons pu différencier les trois femmes d'après leurs traits dominants, ainsi il semble possible de les placer dans différentes ambiances « cosmiques ». Le moment préféré de la Vénus noire est évidemment la nuit noire, tandis que l'ange apparaît avec la clarté de l'aube. La belle sorcière se meut dans le temps intermédiaire; aucun des poèmes ne se passe en plein soleil; XLIX, L, LIII (v. 7–8), LV (v. 1), LVI ont lieu en automne, LIV décrit une soirée de théâtre (v. 41–42); le moment des autres reste indécis.

Malgré la transition insensible, la première série se rapproche davantage de la Vénus noire que de l'ange[82], rapport souligné par le fait que Jeanne et Marie sont toutes deux représentées sous la forme du *chat*. A noter que le chat-sorcier évolue selon le mouvement de l'intériorisation: après avoir étonné par sa voix magique, il se fait tout prunelles (cf. le troisième chapitre sur le sonnet des *Chats*); le chat-vampire, lui, qui a pourtant aussi des yeux remarquables, disparaît sur un rappel de son corps. A quoi l'on peut ajouter que celui-ci a le regard « profond et froid » (XXXIV 11), tandis que les yeux de celui-là sont chauffés par le *feu* (v. 38), c'est à dire par la chaleur caractéristique de la belle sorcière.

La deuxième série semble moins homogène; pourtant tous les textes s'en rapportent au thème de l'évasion et de l'oubli. LIII réintroduit les yeux (comme XLIX au début du cycle), tout en développant l'idée de la femme

80 A noter que le cycle de l'ange commençait par la *voix*.

81 Il faut remarquer, toutefois, que la luminosité de ce texte est énorme. Notons enfin que XLV a lieu dans un Paris nocturne, vivement éclairé par la pleine lune (v. 5–8).

82 On peut ajouter, par exemple, que LII *Le beau navire* est le parallèle exact du *Serpent qui danse* (XXVIII) dans le cycle de Jeanne.

« marine » (le voyage!); LIV reprend le thème du début: trouver un poison-philtre qui donne l'oubli. Ainsi il intériorise le thème de LVI auquel il apporte une sorte de réponse désespérée: si l'évasion physique reste peut-être possible, celle de l'esprit est une chimère (v. 45–50). LV varie encore ce thème: la solitude du poète malgré l'amour physique; LVI continue la variation avec une comparaison très poussée entre le paysage et la femme, les derniers vers rappelant la fin de LV, tout comme sa première partie est une amplification du premier vers de LV. Enfin l'avant-dernier poème du cycle correspond aux derniers poèmes des autres cycles, puisqu'il tente cette transposition finale qui a été le sort des deux autres femmes, transposition couronnée par le meurtre symbolique (la magie!).

Il nous reste à parler de la conclusion du cycle en son entier: LVIII. Ce poème pose un problème, puisque Sørensen, *Cycle* 225 et 233 sqq. veut séparer LVIII du cycle de Marie pour le faire introduire celui des « héroïnes secondaires »[83]. Il a très certainement raison (p. 233) de ne pas accepter l'idée de Crépet-Blin, selon laquelle le poème appartiendrait en réalité au cycle de Jeanne: ainsi la place effectivement assignée au poème par Baudelaire demeurerait inexpliquée. Cependant, par un biais subtil, Sørensen aboutit étrangement à adopter en réalité le même point de vue. Selon lui, le quatrième cycle est une récapitulation des trois précédents. Or, LVIII résumerait précisément le type de femme illustrée par le cycle de Jeanne[84]!

Plusieurs raisons infirment cette hypothèse. D'abord, il serait fort étrange que Baudelaire terminât le cycle de Marie par un poème, LVII, qui ne fait qu'exaspérer un aspect très particulier de la belle sorcière. Il semble évident que si, en 1861, Baudelaire a introduit ce poème, c'est pour approfondir la dimension magique, enrichissement possible parce qu'il introduit en même temps LVIII qui permet de sauvegarder malgré tout l'unité du cycle: la fonction compositoire de LVIII devient ainsi lumineuse.

Aussi bien mon analyse a-t-elle pu faire voir dans tous les détails de l'exécution comment LVIII reprend, rassemble et harmonise les différents traits de la belle sorcière décrits au cours du cycle. D'ailleurs le titre: *Chanson d'après-midi*, serait inexpliquable si l'on rapportait le poème à Jeanne (v. supra p. 125). Ajoutons seulement que Sørensen 234–35, qui souligne trop les aspects sataniques de LVIII, oublie la strophe 4 qui, nous l'avons vu, est un rappel « asymétrique » cyclique d'*Harmonie du soir*, donc de Mme

[83] Idée acceptée aussi par Ruff 335–36.

[84] D'ailleurs Sørensen 233 signale lui-même quelques-unes des difficultés internes qui distinguent le poème de ceux du cycle de Jeanne.

Sabatier, et passe sous silence la neuvième strophe qui allude d'une façon si nette à LVII 19 (les souliers de satin!)[85].

En réalité, LVIII témoigne d'un véritable tour de force de composition cyclique. Le cycle consiste en 9 poèmes + la conclusion. Celle-ci compte également 9 strophes + une conclusion. Or ces 9 strophes correspondent exactement au neuf poèmes dans l'ordre où ils se suivent dans le cycle! Certes, elles ne forment pas un simple résumé; mais dans chaque strophe il y a une reprise, une allusion quelconque, pour indiquer les *rapports* ainsi établis avec les différents poèmes. Et cela est bien conforme à la technique baudelairienne du *rappel*.

Str. 1 – XLIX; les deux textes précisent les deux traits dominants de tout le cycle: la femme sorcière – le pouvoir des yeux.

Str. 2 « Je t'adore » – L 14 « Adorerai-je aussi ta magie »; par le procédé asymétrique bien connu, la fin de la strophe reprend d'ailleurs LVII: l'adoration mystique.

Str. 3, 9–10, la chevelure embaumée – LI 25–28 la fourrure. v. 11–12 résument l'attitude du chat parfumé de LI.

Str. 4 – LII: le corps de la femme; la quatrième strophe est du reste un véritable carrefour de rappels, cf. supra.

Str. 5 combine l'amour et la mort comme LIII 5 (« Aimer et mourir »).

Str. 6 devrait correspondre à LIV, mais semble plutôt reprendre str. 4 et la description de la femme (LII).

Str. 7 « la morsure et le baiser » (v. 28) répète fidèlement LV 7 « La dent féroce de la femme ».

Str. 8 « Ton œil doux comme la lune » (v. 32)–LVI: la liaison femme-paysage (« De l'arrière-saison le rayon jaune et doux »).

---

[85] Si LVIII rappelle par moments la Vénus noire et l'ange, c'est évidemment que la belle sorcière réunit en elle des traits appartenant à ces deux contraires. Il semble certain qu'en écrivant ce poème final pour l'édition de 1861, le poète a voulu souligner, plus qu'il ne l'avait fait en 1857, que la fée représente un type de femme *intermédiaire*: la typologie amoureuse a gagné en clarté et, partant, l'exposé est devenu plus systématique. Dans la première édition, la transition entre le cycle de Marie et celui des héroïnes secondaires devait être assurée par *L'Héautontimouroménos* (LXXXIII), disposition qui faussait en réalité le sens du cycle rendu beaucoup plus cruel, et qui s'accordait mal avec le sens du poème précédent, LV *Causerie*, de même que la liaison avec le poème suivant, LX *Franciscae meae laudes* n'était guère évidente. D'ailleurs, à l'origine, le poète destinait LXXXIII à la fin de l'ouvrage, ou de la partie (il n'avait pas encore écrit *L'Horloge*, paru en 1860): voir la lettre de Baudelaire résumant le sujet et la place de cette pièce (dans une version aujourd'hui perdue), citée par Feuillerat 258.

Str. 9, v. 33–34 – LVII 19–20: les souliers de satin.

Enfin la dixième strophe clôt à la fois le poème et le cycle[86], insistant sur l'aspect bénéfique de cette synthèse amoureuse, et reprenant les traits positifs de la belle sorcière: lumière – couleur – chaleur, philtre qui guérit, c'est à dire qui fait oublier l'existence, la « noire Sibérie », du poète. Résumons la composition du cycle par la figure suivante:

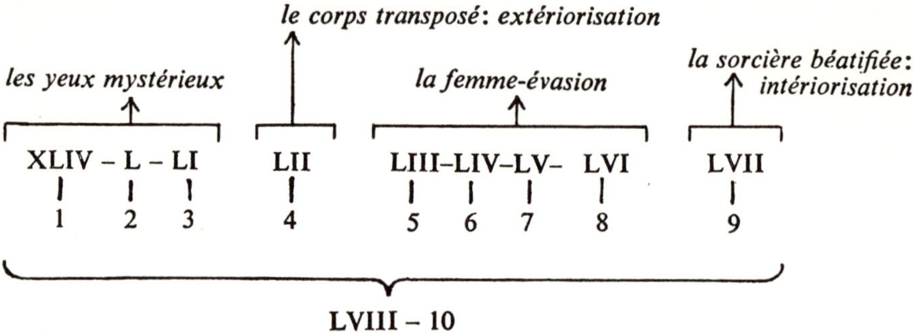

23. Le cycle des héroïnes secondaires

C'est à Hans Sørensen que revient le mérite d'avoir creusé la composition du dernier cycle d'amour. Aussi me bornerai-je à ajouter quelques remarques à sa profonde analyse. Tout d'abord je crois que H. Sørensen n'est pas allé assez loin dans son analyse, de sorte qu'il n'a pas réussi à dégager entièrement le caractère systématique de la composition baudelairienne. En effet, partant de son idée générale (et juste) selon laquelle le quatrième cycle est un cycle de récapitulation, Sørensen n'a guère fait que relever les ressemblances thématiques entre les poèmes isolés du cycle et certains poèmes appartenant aux cycles précédents. Il méconnaît ainsi l'importance de *l'enchaînement interne* des textes en tant que moyen d'expression, ce qui l'empêche de voir que ce cycle n'est pas seulement une récapitulation, mais qu'il porte à sa conclusion et à son achèvement la pensée de Baudelaire sur l'amour. Ainsi Hans Sørensen n'explique pas pourquoi LXI, qui reprend le thème de la Vénus noire, est placé *après* le poème qui rappelle l'amour platonique, LX, c'est à dire dans l'ordre inverse de celui des cycles. De même, on se demande comment on peut expliquer LXII d'après Sørensen

86 C'est en ce sens que Sørensen 235 a raison d'y voir un envoi, analogue à la fonction de XXXIX pour le cycle de la Vénus noire.

240 et 241–41. Le critique danois lui assigne la place centrale dans le cycle par le simple fait qu'il paraît être une sorte de rhapsodie des 3 autres cycles (« la récapitulation de la vie amoureuse du poète, interprétée comme la condition humaine en tant que telle », p. 239). Une telle conception est certainement erronnée, puisque LXII brode des variations sur un thème bien défini (qui, précédemment, a trouvé son exécution la plus significative dans LIII) et qu'il se présente ainsi non comme un résumé, mais comme un chaînon de la pensée inhérente au cycle telle qu'elle est exprimée par l'enchaînement des poèmes[87]. En revanche, il me paraît certain que ce poème est un point cardinal, une plaque tournante autour de laquelle s'organisent les séries du cycle. C'est là une fonction capitale dans la structure de la succession baudelairienne, car, du fait de son caractère cyclique, elle exige la présence d'éléments qui brisent la séquence linéaire, éléments qui rappellent le chemin parcouru autant qu'ils préfigurent les développements à venir.

Selon la tradition, le cycle se termine avec LXIV, idée acceptée par Ruff 337 et Sørensen 241, ce dernier s'attachant à en démontrer la fonction terminale, toujours d'un point de vue thématique: il signifierait le refus de l'amour-passion et de l'amour spirituel, et prônerait la résignation dans l'amour-tendresse. Peut-on vraiment imaginer qu'après tant de poèmes sur l'amour, si savamment ordonnés, les efforts du poète n'aboutissent qu'à une maigre répétition de l'expérience exprimée par le cycle de la belle sorcière? Voilà qui affaiblirait singulièrement l'ambition qu'avait Baudelaire d'écrire une somme poétique!

A mon sens, une expérience amoureuse exceptionnelle, révélée au cours de trois cycles profonds et subtils, ne saurait aboutir à si piètre résultat. Comment douter que l'intention du quatrième cycle soit de résoudre l'énigme et d'apporter une dernière et décisive révélation sur l'amour, mot final qui, logiquement, ne saurait exprimer un apaisement, mais devrait marquer *le signal d'un nouveau départ*. Or, si l'on accepte que LXV est la vraie fin de l'amour, nous allons comprendre en quoi consiste le congé de l'amour, congé qui se révélera à travers une composition claire et savante traduisant une pensée aussi neuve qu'intéressante.

Pour relier *Tristesses de la lune* aux cycles de l'amour les arguments abondent. Le poème, comme tous les cycles auparavant, tourne autour du

[87] M. Sørensen allègue en faveur de la place centrale la forme métrique de LXII, groupé ainsi avec *Le Balcon*, *Réversibilité*, *L'Irréparable* et *Lesbos*. Bien sûr, ce sont là des poèmes thématiquement importants, mais ils ne sont pas tous placés sur des points centraux de la composition des cycles.

même problème fondamental: celui du poète face à l'amour sous la forme d'une femme distante qu'il contemple, exactement de la même façon que dans la pièce introductive originelle, *Les Bijoux*. La démarche tentée ici pour résoudre ce problème est identique à celle que la composition de chacun des cycles a tenté – avec variations – de faire apparaître: une intériorisation progressive de la femme, traduisant chez le poète un effort pour absorber en lui-même la femme distante. Ce mouvement d'« engouffrement » s'est partout exprimé par le biais de la transposition, portée à son comble dans *Tristesses de la lune*. En effet, partant de la technique de la femme-paysage, caractéristique de l'idéal, ce poème opère une transposition totale et dernière de l'amour en un fragment d'opale – larme pâle. C'est au moyen de cette métamorphose mystique que le poète peut préserver l'amour de l'instabilité du réel.

Ainsi la fonction terminale, que nous avions définie à propos de XXIX pour le cycle de la Vénus noire, est remplie ici par *Tristesses de la lune*, mais avec une valeur beaucoup plus large puisqu'elle englobe à la fois le cycle des héroïnes secondaires et l'ensemble de tous les poèmes sur l'amour. Elle est fortement mise en relief par le fait que LXV est *le dernier poème qui parle explicitement du rôle de la poésie*, non seulement dans *Spleen et Idéal*, mais aussi dans tout le recueil (exception faite pour les trois premiers tableaux parisiens)[88]! Après LXV Baudelaire ne parlera plus comme *poète*, mais seulement comme homme. Avec ce poème la poésie perd sa vertu de « dictame », comme l'amour son pouvoir de « philtre ».

A ne considérer que le cycle des héroïnes secondaires, *Tristesses de la lune* formule d'abord la conclusion de la deuxième série où le poète examine les possibilités d'intériorisation de la femme. A la première série, dont le début présente la femme distante, conservant toute son altérité, LXII, *Mœsta et errabunda*, apportait une conclusion provisoire et négative: le paradis parfumé des amours enfantines s'est définitivement éloigné, et l'évasion, pour attirante qu'elle paraisse, se révèle stérile. Or, en vertu de sa fonction de « plaque tournante », LXII donne parallèlement le signal d'un nouveau départ en suggérant, malgré tout, la possibilité d'une issue qui résiderait dans le pouvoir transformateur de la poésie (v. 26–30). A cette question *Tristesses de la lune*, considéré non plus étroitement dans son rapport avec la deuxième série, mais comme conclusion du cycle tout entier, prétend donner l'ultime réponse: l'amour peut survivre à condition d'être *transformé* par la poésie (= XXXIX). Seulement, cette conclusion se révèle

---

88 Cf. la bonne remarque de Ruff 340.

ici d'un optimisme très limité, puisqu'elle comporte l'idée de *secret*: l'amour, même transformé, ne supporte pas la lumière, c'est-à-dire la vraie vie. Ainsi nous retrouvons, par-dessus les expériences de l'amour, dont l'échec est maintenant consommé, la préoccupation du cycle du poète: peut-on parler de poésie si elle reste « ensevelie », inconnue du monde? (Voir XI *Le Guignon*). C'est en ce sens que *Tristesses de la lune* se présente finalement comme la conclusion globale des quatre cycles de l'amour, en transportant le problème existentiel du poète mystique (soulevé au début du recueil) dans le cœur même de celui-ci, et en préparant par ce mouvement compositoire le pessimisme des cycles suivants. Il en ressort que les recherches du poète doivent désormais s'orienter dans de nouvelles directions[89].

24. Femme distante – femme intime

Précisons maintenant l'arrangement du cycle. Il se compose donc de 7 poèmes groupés en 2 séries autour d'un texte central, le plus long du cycle. Les deux séries sont dominées par la forme du sonnet (seule forme admise dans la dernière série) tandis que le texte central est d'une texture métrique compliquée.

La première série présente la femme distante, vue de l'extérieur; elle se déroule pendant le jour, en pleine lumière et au grand air. Souvent elle adopte un style précieux et pétrarquisant (v. Sørensen 237 pour le parallélisme entre LX et Pétrarque « Virgine bella »), conformément à la manière dont Baudelaire a présenté « l'ange » et, en général, la femme idéale et distante. Les trois poèmes de la série présentant les trois types baudelairiens de femme dans cette optique:

---

[89] On pourrait d'ailleurs renforcer ces arguments sur la place de LXV par une comparaison avec l'édition de 1857. *Tristesses de la lune* était alors placé entre *Sépulture* et *La Musique*, ce qui en faisait une simple allégorie. En 1861, Baudelaire l'antépose aux *Chats*, poème qui, en 1857, s'en trouvait fort loin. En outre, il faut rappeler que Baudelaire assigne aussi au *Revenant* une nouvelle place et que *Sonnet d'automne* est nouveau: tout cela indique que *Tristesses de la lune* a été déplacé pour faire partie d'un nouveau sous-groupe constitué par ces changements et ces nouvelles pièces. Ajoutons toutefois que la tradition a raison en ceci que *Tristesses* est à la fois la fin des amours et le début des pièces allégoriques suivantes. En revanche, *Le Revenant* est beaucoup moins allégorique, à sa nouvelle place, qu'en 1857 où il était groupé avec les pièces « grotesques ». Par son thème « frénétique » (cf. Ruff 337 sq.) il continue naturellement à s'inscrire dans la même atmosphère maladive, et il semble certain que sa place sert ainsi à en faire une nouvelle instance de la technique de la *préfiguration cyclique*.

LIX – la femme lumineuse (aux yeux clairs)
LX – la femme mystique[90]
LXI – la femme noire.

La deuxième série répète le mouvement fondamental allant de l'extériorisation à l'intériorisation. LXII combinait le bleu-clair et le noir: ici c'est le noir qui est l'apanage de la femme intime, en compagnie de laquelle le poète est attiré vers le gouffre (l'enfer). La série se déroule le soir ou dans la lumière pâle de la lune[91] et le style en est plutôt « romantique »; LXIII préfigure ainsi le cycle des « grotesques ».

LXIII présente la femme noire (v. 5)
LXIV la femme aux yeux clairs (v. 1 + 14)[92]
LXV la femme mystique[93]

De cette façon le quatrième cycle d'amour se déploie dans un ordre doublement triptyque que nous pouvons illustrer de la façon suivante:

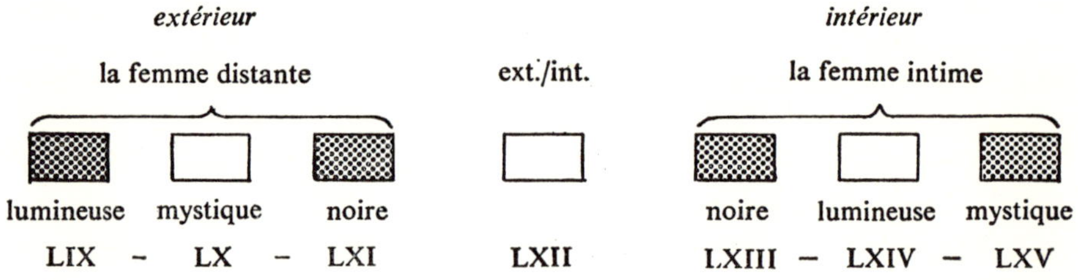

25. Vue d'ensemble des correspondances cycliques des vingt derniers poèmes

Il nous reste à esquisser rapidement l'organisation des 20 derniers poèmes de la partie. La tâche n'est plus si difficile, car, d'une part, les poèmes sont groupés en cycles relativement courts, d'autre part leurs liens sont assez lâches, à l'encontre du réseau serré de correspondances multiples qui cimentait les cycles de l'idéal et de l'amour.

---

90 Naturellement le nom de Françoise – Francesca – est choisi parce qu'il rappelle l'homme mystique par excellence, St François d'Assise.

91 V. LXIV 13 qu'il faut rapprocher de LVIII 32 « œil doux comme la lune ». C'est d'ailleurs ainsi que Baudelaire a assuré la liaison entre LXIV et LXV.

92 Ici aussi le nom de la femme est naturellement symbolique: la marguerite blanche.

93 La belle sorcière était, précisément, spécialement liée à la lune.

Néanmoins il y a une progression certaine dans ces derniers poèmes qui décrivent, dans leur ensemble, la situation du poète après l'échec de l'amour[94]. Ils commencement par évoquer un nouveau départ situé dans le monde extérieur: il s'agit de substituer à la femme un autre point fixe à partir duquel le poète tourmenté pourra s'approprier le monde, c'est-à-dire établir une relation stable entre l'extérieur et l'intérieur. Le premier cycle s'approche prudemment de cette réalité que la fin des amours (FM LXV) avait magiquement concentrée en larme-opale, ou plutôt diluée en reflet miroitant dans la seule conscience; le point de vue y est dépersonnalisé, figé dans l'attitude de la *contemplation philosophique*: si l'âme amoureuse tombe dans le néant, peut-être l'esprit savant maintiendra-t-il du moins la conscience sur le plan de l'horizontalité.

Cependant la fin du cycle (LXIX) révèle l'instabilité foncière de cette attitude: à peine l'esprit s'émeut-il du spectacle contemplé, que, menaçants, le gouffre et la verticalité resurgissent. Dès lors, la solution ne serait-elle pas d'éliminir le contemplateur lui-même? Après l'âme, l'esprit à son tour disparaîtrait, en sorte que le monde se réduirait en pur spectacle et l'homme en surface plane et indéchiffrable. Voilà exactement l'attitude du *dandy*, empreinte de sarcasme et de satanisme ricanant. Pour le dandy, tout est spectacle (à commencer par lui-même!) et la vie une série de scènes qu'il s'agit de dominer. Ainsi s'explique le cycle de la mort, composé par une suite de « grotesques », de gravures à la manière d'un Callot, figeant les scènes de la vie en *emblèmes* où la présence du poète ne se révèle que par l'ironie.

Pas plus que le dandy de la vie réelle, le « mort joyeux » des FM ne saurait résister à la pression des passions, ces abîmes où s'engouffrent même les buveurs heureux (LXXIII). C'est ainsi que nous arrivons au centre de ces poèmes, au cycle du spleen où la personne et l'âme du poète réapparaissent dans toute leur instabilité. Ce cycle fait le bilan des diverses expériences et répond ainsi aux élancements des cycles initiaux qui définissaient les aspirations du poète. Quand celui-ci doit affronter de nouveau sa solitude irrémédiable, enfermé dans l'enfer de sa conscience, contemplant les déchets laissés par le naufrage de la beauté, de l'amour, de la sagesse et de l'art, il se sent vieux, usé, irrémédiablement scindé du monde. Il est inévitable que

---

94 Aussi l'analyse suivante peut-elle servir à prouver l'intuition de Mossop 160 qui se déclare convaincu que « these sixteen poems [LXV–LXXIII] do have significance in the context of the drama », sans toutefois réussir à expliciter cette progression.

ce désespoir le ramène au néant faussement conjuré à la fin des amours (LXXX).

Ce mouvement cyclique est renforcé par la technique du rappel: les deux derniers poèmes, LXXIX et LXXX reprennent le thème de la mort, qui planait sur le cycle « grotesque », c.-à-d. au début de tout ce grand groupe final. En effet, le caractère « allégorisant » de ces deux textes est assez net (v. en particulier LXXX 2–3: l'Espoir qui, cavalier nerveux, éperonnait autrefois le cheval de l'esprit); seulement le thème de l'anéantissement s'est maintenant dépouillé de l'ironie spasmodique du dandy; car l'expérience de Spleen a montré au poète qu'on ne peut conjurer la mort (le néant) par le ricanement du génie supérieur, quelque « satanique » qu'il se fasse. Le cheminement du groupe terminal, dépouillant l'homme de ses masques variés, le révèle ainsi dans sa vérité existentielle, qui est celle de l'homme assis sur le gouffre (cf. le mot sur Meryon cit. p. 18): « Avalanche, veux-tu m'emporter dans ta chute? » (LXXX 15)[95].

Le dernier drame que doit traverser l'âme torturée du poète sera donc la lutte avec le néant, lutte qui préfigure, nous l'avons vu, l'enchaînement des parties suivantes du recueil. Faisant de nécessité vertu, le poète recourt à son habituelle *technique de la transposition*: le sentiment du néant ne peut-il servir à fonder une existence où tous les phénomènes de la vie seront transformés en *conscience d'horreur*? Ainsi le poète, sans nier sa situation réelle, doterait du moins sa conscience de ce contenu minimal qui l'empêcherait de se confondre avec le néant. Et c'est là le sens de la fin du cycle:

> « Tête à tête sombre et limpide
> Qu'un cœur devenu son miroir!
> (...)
> Soulagement et gloire uniques
> – La conscience dans le Mal! » (LXXXIV 33–34 et 39–40).

Le dernier poème de la partie constitue évidemment la fin de la partie tout entière et ne doit pas être intégré au cycle de la conscience[96]. Cependant,

---

[95] Rappel cyclique de la fin du premier cycle de ce groupe terminal: LXIX 11–14, où l'homme semble justement capable de se maintenir suspendu sur le gouffre!

[96] Cependant il serait certainement abusif de se demander avec Mossop 178 « whether *L'Horloge*, which is neither a poem of Spleen nor a poem of self-analysis, adds anything of value to the architecture of that book [i.e. partie]. » Si Mossop peut méconnaître la fonction compositionnelle essentielle de ce poème, c'est que son étude concerne le *contenu* du recueil et qu'il n'arrive pas à identifier les éléments fonctionnels de la technique compositionnelle.

c'est grâce au *Voyage* que *L'Horloge* n'exprime pas un désespoir total[97], tout imprégné qu'est ce poème par le futur (et l'impératif). Le poète vient de définir la condition minimale d'existence; les parties suivantes doivent apporter la réponse à l'ultime question: la solution aura-t-elle été trouvée trop tard?

Cette brève et hâtive revue du dernier groupe de poèmes permet de conclure, me semble-t-il, que sa disposition reflète exactement la même démarche spirituelle que celle des cycles précédents, démarche qui débute par une saisie avortée de la réalite pour glisser progressivement vers une introspection de plus en plus fermée sur elle-même. Nous pouvons l'illustrer par une figure analogue aux précédentes[98]:

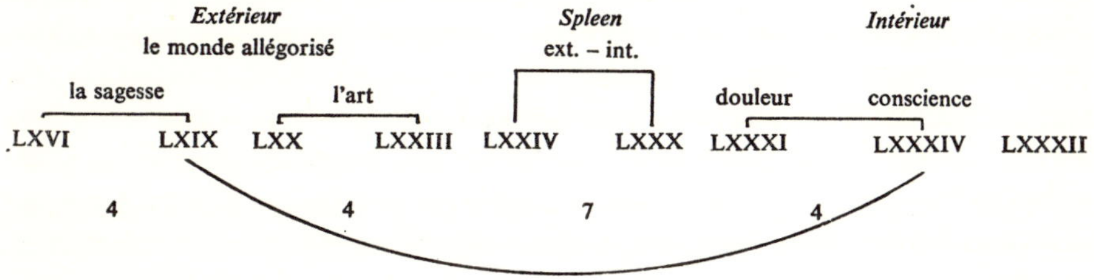

26. Les cycles allégoriques

Il ne me semble pas nécessaire de reprendre par le détail la disposition de chaque cycle; comme je l'ai déjà dit, la place des poèmes isolés à l'intérieur de ces cycles terminaux semble surtout régie par des considérations thématiques, de sorte qu'il est difficile d'y apercevoir un ordre compositionnel au sens strict. Je me bornerai à parler du problème des transitions. En effet, le début du premier cycle présente le même caractère estompé que les autres coupures baudelairiennes. Ce qui distingue formellement les deux premiers cycles des textes précédents, c'est qu'ils réunissent des *pièces allégoriques*[99]. Le premier cycle de la sagesse adopte un procédé d'allégorisation très

---

97 Cf. Ruff 340: « L'arrêt n'est pas encore prononcé. Il est suspendu comme une menace. Si prochaine qu'en soit l'échéance, il reste le temps de se réfugier à la *dernière auberge* du Repentir ».

98 Notons d'ailleurs la régularité numérique de ce groupement: le centre du groupe Spleen, compte 7 poèmes, et chacun des trois autres cycles en compte 4.

99 Il est possible que LXIX ne le paraisse pas à première vue, mais considéré dans son rapport avec les textes environnants, il appert qu'il doit se comprendre comme un *emblème de la musique*. Sa valeur allégorique est d'ailleurs prouvée par le fait que dans l'édition de 1857 il était déjà groupé, à la fin de la partie, avec une autre pièce, clairement allégorique celle-là: *La Pipe* (LXVIII).

traditionnel et, somme toute, assez extérieur, en personnifiant des animaux ou des objets (les chats, les hiboux, la pipe et la mer), tandis que le deuxième, le cycle de l'art, emprunte la technique baudelairienne du début de la partie: description de tableaux (ici dessins et gravures) allégoriques, procédé de transposition plus « complet » en ce sens que la personne du poète en est entièrement absente (cf. supra p. 106).

Or, nous avons déjà vu que le dernier poème du cycle des héroïnes secondaires, LXV, utilisait la technique de l'allégorisation « extérieure », mettant en scène la lune, comme LXIX la mer. Inversement, le premier poème du dernier groupe (LXVI) présente quelques traits qui le lient à ce qui précède. Tout d'abord le chat lui-même est un animal symbolique appartenant au champ sémantique de l'amour[100]. Ensuite, il est moins allégorique que les deux pièces suivantes, puisque son premier plan utilise des personnages humains (pleinement transformés seulement dans les tercets)[101], dont, précisément, les *amoureux*. Enfin les Chats représentent une sorte d'apothéose du poète amoureux et savant, guère éloignée, en fait, de celle des Phares, ce qui établit une liaison « asymétrique » avec le début de la partie. En un sens, on pourrait donc regarder cette pièce de transition comme la conclusion des groupes « idéal » et «amour » réunis[102].

La fin du dernier groupe est plus clairement marquée, car il est évident qu'il y a une coupure après LXXXIV, ne serait-ce que par l'introduction, dans LXXXV 2, du « nous » universel qui reprend ainsi le début même du recueil. Cependant, si LXXXIV clôt le cycle de la conscience, il rappelle certainement aussi le début *allégorique* du groupe, puisqu'il consiste en une longue série de petites allégories: « Emblèmes nets, tableau parfait/ D'une fortune irrémédiable » (LXXXIV 29–30). On peut d'ailleurs penser que la bipartition même du poème traduit cette double fonction.

---

[100] Il apparaît « personnellement » pour la première fois dans le cycle de la Vénus noire: XXXIV. S'il entre dans le cycle de l'idéal, c'est comme terme de comparaison seulement, mais, de façon significative, dans le texte qui préfigure le plus clairement l'expérience amoureuse, XIX *La Géante* v. 4 (la femme-paysage). Noter en effet que dans le cycle de l'ange, la félinité n'appartenait pas à l'essence même de la femme: le chat s'y présente comme un pur élément extérieur, décor pittoresque du Paris nocturne (XLV 9–12). Cf. infra III p. 145 sq.

[101] Par là il correspond d'ailleurs au dernier poème du cycle, préfiguration typiquement cyclique.

[102] Soulignons pourtant qu'il reste très fortement intégré au cycle allégorique, lié en particulier au poème suivant, *Les Hiboux*, qui n'en est qu'une variante plus allégorisée, comme le remarque pertinemment M. Riffaterre 241, en signalant combien les yeux des chats et ceux des hiboux se ressemblent: yeux phosphorescents et nyctalopes.

Le cycle de la sagesse est composé de façon très lâche; tout au plus peut-on y discerner un mouvement d'intériorisation: les deux premiers textes sont entièrement « extérieurs », décrivant à la troisième personne des attitudes intemporelles d'où le poète paraît absent. Dans le troisième, un « je » réapparaît, mais il reste de nature allégorique, bien qu'impliquant un « auteur » indéfini. Enfin, dans la dernière pièce, le ton se fait de nouveau personnel: c'est apparemment le « je lyrique » qui y parle. Cependant l'allégorie transparaît en ceci que le locuteur y est comme métamorphosé en *vaisseau*. Le thème du cycle est celui de la sagesse; d'abord sous une forme *active* (la sagesse magique: LXVI), ensuite de plus en plus *résignée*, pour aboutir à la passivité complète de *La Musique*.

On peut se demander si le cycle des « grotesques » ne devrait pas plutôt s'intituler le cycle de la *mort*, puisque c'est là son thème dominant. Cependant, son vrai sujet me paraît être la transposition par l'art (c'est à dire la réification de l'existence qui garantit à l'homme son pouvoir de possession du monde, selon le processus que les cycles de l'amour ont clairement dégagé), d'autant plus que *Le Tonneau de la Haine* substitue, à l'attrait « pacificateur » et expiateur de la mort, la permanence inéluctable de la haine; soumis à elle, l'homme recommence éternellement le meurtre symbolique dans sa vaine recherche de réduire le monde à une liqueur absorbable, nouvelle manière de symboliser ce mouvement d'intériorisation perpétuellement recommencé. Par ce biais, le cycle illustre la même problématique que tous les autres cycles: la possibilité de métamorphoser le monde en art; et ici sous la forme de tableaux-gravures baroques. Seulement, la force de transformation n'est plus désormais le souvenir, mais la « pourriture » (LXXII), c'est-à-dire le grand mouvement cyclique universel du cosmos dans lequel la personne du poète s'est diluée (cf. Richard). Ainsi s'explique la disposition du cycle relevée par Ruff 338, allant de la pièce emblématique et insolente de LXX (l'extérieur) à la constatation plus sérieuse de LXXIII (l'intérieur).

27. L'enchevêtrement cyclique de Spleen

Il me semble justifié de scinder *Spleen* en deux séries: la première groupe cinq poèmes qui, à l'exception de *La Cloche fêlée* (LXXIV)[103], portent le

[103] A l'origine cette pièce portrait aussi le titre de *Spleen*; si, dès 1857, Baudelaire l'a changé, c'est probablement pour ne pas faire une transition trop abrupte (l'estompement des divisions!), le nouveau titre soulignant le rapport avec les textes allégoriques précédents (en 1857 *Les Chats* et *Les Hiboux*, *La Cloche fêlée* « remplaçant » ainsi *La Pipe*).

même titre. LXXIV opère un changement complet de ton, en réintroduisant la personne du poète et le « je lyrique » (v. 9). La deuxième série, très brève, revient au style allégorique, mais la coupure entre LXXVIII et LXXIX paraît plus thématique que compositionnelle: dans les deux cas, c'est le poète qui extériorise ses états d'âme par une série de représentations cosmiques[104].

L'on pourrait aussi penser à réunir cette série du néant avec les quatre poèmes suivants[105], puisqu'ici encore la scission est presque insaisissable: de même que LXXX faisait chevaucher l'Espoir, ainsi LXXXI apostrophe la Nature. Cependant ce dernier poème introduit en plus la figure mythique d'Hermès et, avec lui, celle du poète mage. Ainsi *Alchimie la douleur* revient au cycle cosmique baudelairien, commençant par la profession de foi en la magie de l'homme supérieur capable de vaincre la mort par la métamorphose artistique (perspective « extérieure »), et aboutissant à l'intériorisation totale de LXXXIV (cf. supra) à travers des étapes marquées par une série de transformations de plus en plus intimes: Hermès, Ovide, « toi »[106], conscience.

La série centrale de Spleen, précédée des deux groupes de la sagesse et de la mort et suivie des deux groupes du néant et de la conscience, est elle-même disposée symétriquement. Sa plaque tournante est LXXVI, qui emploie ouvertement le « je » là où les deux premiers poèmes disaient « mon » (LXXIV 9 – pourtant combiné avec « moi » – et LXXV 5) tout comme LXXIII 18 et 20, tandis que LXXVII utilise « je » une seule fois[107]. De même que nous l'avons observé dans les autres cycles, l'aspect le plus significatif de la série consiste en une suite de *transpositions* qui traduisent le mouvement du groupe: à travers toutes ces métamorphoses l'identité du poète s'amenuise progressivement vers le néant.

---

104 Selon Spitzer, LXXVIII *Spleen* serait même l'allégorie de la migraine dont souffrait Baudelaire!

105 Cependant il me semble inadmissible de grouper, comme le fait Ruff 340, LXXXIII et LXXXIV avec *L'Horloge*, poème dont la fonction d'épilogue est justement assurée par sa place compositoire isolée.

106 Dans l'édition de 1857 ce « toi » représentait la maîtresse: v. supra les remarques sur la place de LXXXIII. Etant donnée sa place définitive de 1861, il faut croire que le pronom se réfère à l'âme du poète lui-même.

107 Il est d'ailleurs intéressant de remarquer que les cinq poèmes de la série comportent une forme pronominale personnelle (je – tu – mon). Si l'on écarte LXXIV 9 (V. note 108), on constate que seuls le poème central et le poème final répètent la note personnelle, mais que ce dernier n'utilise que la forme indirecte (l'adjectif possessif).

Or, la démarche compositionnelle ne reproduit pas exactement le schéma habituel qui va de l'extérieur à l'intérieur. En effet, cette séquence capitale, qui représente aussi un des sommets absolus de l'art baudelairien, est d'une disposition très savamment *cyclique*, préfigurant ainsi le principe du recueil tout entier. Si les deux premiers textes (LXXIV–LXXV) montrent bien la démarche de l'extérieur à l'intérieur dont le foyer du poète forme le cadre, et si la plaque tournante réunit le point de vue de l'extérieur – le paysage désertique du Sahara brumeux (v. 21) –, et de l'intérieur – le meuble de la maison du poète (v. 2) –, réunion soulignée encore par le passage de la première (v. 1, 8 et 11) à la deuxième personne (v. 19), on s'aperçoit que la *direction* du mouvement est inversée dans ce poème central (LXXV), l'intérieur précédant l'extérieur. Cette inversion se prolonge dans le groupe suivant; LXXVII se place bien sur l'axe de l'intimité que nous trouvons normalement dans les secondes sections de la successivité baudelairienne (usage du « je » et milieu familier au roi de cette « fable »), mais dans LXXVIII nous revenons au point de départ (paysage et notation personnelle indirecte). Le caractère insolite de ce modèle est renforcé par le fait que les deux poèmes d'apparence particulièrement « extérieure » sont en même temps les plus complètement personnels de la série, à savoir par leurs fins qui opèrent l'assimilation complète du paysage avec l'état d'âme (cf. la répétition de « mon » à la fin, LXXVIII 17 et 20).

Ainsi cette série centrale du dernier groupe de la partie obéit à un principe exclusivement cyclique, véritable démonstration des forces compositionnelles qui régissent la successivité des *Fleurs du Mal* et que nous pouvons résumer à l'aide de la figure suivante:

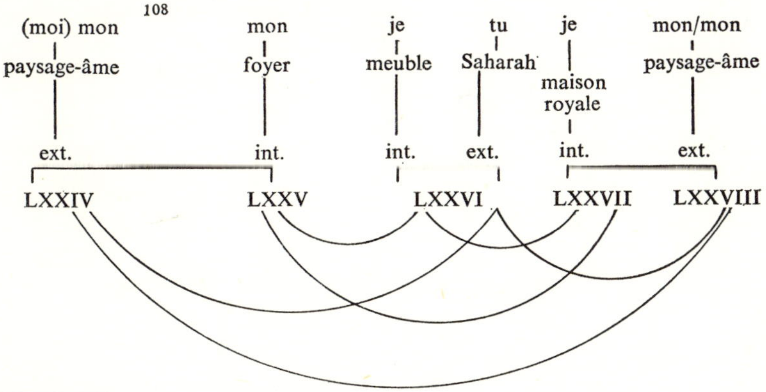

108 J'interprète ce « moi » qui ne cadre guère avec la disposition des poèmes, comme le *signal nécessaire du début d'un nouveau cycle*. Cf. supra, p. 83 et p. 119.

28. Conclusion: composition ou illusion?

Pour qui s'occupe de la composition des FM, la boutade est toute prête, du genre de celle que le petit enfant d'Andersen lançait devant les spectateurs médusés de la procession impériale: « Mais il est tout nu! ». Et les garnements n'ont pas manqué, nous l'avons vu, qui ont fait cette remarque faussement ingénue. Cependant il serait peut-être à propos de rappeler qu'en fin de compte c'est le lecteur qui habille la poésie, non les tailleurs frauduleux de quelque autorité herméneutique. C'est ce qu'avait fort bien senti Barbey d'Aurevilly lorsqu'il mettait prophétiquement le lecteur en garde contre le danger d'appauvrir la poésie baudelairienne par une lecture abusivement simplifiée:

> « Elles [les poésies de B.] sont moins des poésies qu'une œuvre poétique de la plus forte unité. Au point de vue de l'art et de la sensation esthétique, elles perdraient donc beaucoup à n'être pas lues dans l'ordre où le poète, qui sait bien ce qu'il fait, les a rangées. »

Si nous sommes capables de lire les *Fleurs du Mal* conformément à ce sage précepte et que, surtout, nous soyons capables de persuader d'autres lecteurs de nous imiter, nous aurons tout simplement enrichi un texte dont seule l'analyse compositoire révèle toute la plénitude.

CHAPITRE III

Une machine à transposer le réel: le sonnet des *Chats*

1. Introduction: la triade mythique de Baudelaire

Conscient de la valeur exceptionnelle de sa quête de l'impossible synthèse, Baudelaire suggère une triade mythique qui place le poète sur le même pied que les grands de ce monde et ceux de l'au-delà:

> « Il n'existe que trois êtres respectables: le prêtre, le guerrier, le poète. Savoir, tuer et créer. Les autres hommes sont taillables et corvéables, faits pour l'écurie, c.-à-d. pour exercer ce qu'on appelle des *professions.* » (*Mon cœur mis à nu* XIII, Club 1457).

Le poète ne sait pas, mais il cherche; il ne tue pas, mais ressent tous les jours une mort partielle. D'ailleurs le guerrier (qui tue) et le prêtre (qui sait) ne représentent que les deux faces d'un même Janus (voir ci-dessous). En revanche le poète crée. Si Baudelaire peut vivre sans sombrer dans la stérilité du savoir, s'il peut résister à la tentation de s'abandonner à la paresse qui fait mourir d'ennui, c'est qu'il croit en la vertu de la création qui arrache les deux pôles de l'existence baudelairienne à leur statut d'étoiles fixes du néant, les entraînant dans une solennelle danse rituelle, conjurant (momentanément) l'horreur du gouffre et la marche du temps. Le sonnet des *Chats* est précisément une telle profession de foi, et de foi ardente, dans le pouvoir de la création mystique.

Si le guerrier nie le réel (par la mort) et que le prêtre le transcende (par Dieu), le poète est celui qui *transpose* le réel dans une autre réalité qui, pour n'être pas naturelle, n'en est pas non plus divine: cette autre réalité, c'est la surnature. Or, ce que Baudelaire veut établir dans le sonnet des *Chats* est justement une sorte de *machine à transposer le réel*, machine qui, amalgamant ferveur amoureuse et austérité savante au creuset de la poésie, en fait jaillir une nouvelle conscience cosmique, une saisie synthétique du microcosme et du macrocosme, du règne de l'esprit comme de celui du corps.

Observons, cependant, que si les deux premières entités de la triade baudelairienne apparaissent sans ambiguïté dans le sonnet: les savants

(= le prêtre) et les amoureux, *fervents* comme les guerriers[1], la troisième, le poète, n'y figure elle-même que sous une forme transposée, allégorisée. C'est qu'en réalité les chats ne représentent pas une profession bien déterminée, mais bien plutôt une *activité générale*, celle de la création mystique, émanant aussi bien des amoureux que des savants[2]. En effet, l'essence de la machine de transposition baudelairienne – comme de toute machine, bien sûr – est à chercher dans le *processus* qui la définit, plutôt que dans le produit final de son activité. Les chats constituent ainsi comme la charpente matérielle d'une machine dont le déroulement du poème doit illustrer le fonctionnement. Ils forment le *lieu* de la synthèse; le tout est de savoir en vertu de quel *mouvement* cette synthèse a pu se réaliser.

2. *Les Chats* et la ligne courbe du temps

Nous avons déjà remarqué que la synthèse baudelairienne n'existe que dans le mouvement: l'aventure mystique est chez lui une expérience dynamique. Si j'ai choisi le sonnet des *Chats* pour illustrer comment, dans un poème isolé, Baudelaire réalise les structures poétiques dégagées au cours de l'analyse générale paradigmatique et syntagmatique, c'est justement que ce poème crée, de façon exemplaire, un *modèle cyclique*; en effet il montre comment le poète essaie de conjurer la chute vers les gouffres par l'établissement d'un mouvement circulaire qui réunisse verticalité et horizontalité à l'aide d'une récursivité permanente. C'est en ce sens que notre sonnet, introduisant le dernier groupe de la première partie, est étroitement lié au dernier texte de *Spleen et Idéal*: *L'Horloge*. Celui-ci constate la réalité inéluctable du mouvement horizontal, symbolisé par la succession du temps chronologique; mais au début du groupe où Baudelaire tente un nouveau départ, *Les Chats* pose encore la possibilité d'un mouvement courbe, d'un

---

[1] Il me semble licite de rappeler ici le schéma balzacien (v. p. 27 sq.) opposant le savant et le fou. Or, Balzac n'y introduit pas un troisième terme: plutôt que *mystique*, sa pensée est *dialectique*. La synthèse existe dans son univers, mais elle est accessible seulement à celui qui sait adopter successivement les deux attitudes épistémologiques fondamentales. D'où la présence de la *politique* dans l'univers balzacien, perspective inessentielle pour un homme qui, comme Baudelaire, est à la recherche de la *synthèse incarnée*.

[2] Voilà qui illumine aussi singulièrement la *place* du sonnet: après l'échec relatif de la poésie amoureuse enregistrée dans *Tristesses de la lune*, Baudelaire tente un nouveau départ vers la synthèse entrevue en *généralisant* son expérience, en la basant sur une capacité universelle de l'esprit humain. Ainsi s'explique encore le passage du singulier de LXV 11 « un poète » au pluriel général de LXVI: Les chats, les amoureux et les savants.

temps récursif, c.-à-d. éternel, comme l'attesterait, de surcroît, la version en prose de *L'Horloge*, qui relie de façon significative le signe des chats au thème de l'intemporalité mystique:

> « Les Chinois voient l'heure dans l'œil des chats. (...). Pour moi, si je me penche vers la belle Féline, (...) au fond de ses yeux adorables je vois toujours l'heure distinctement, toujours la même, une heure vaste, solennelle, grande comme l'espace, sans division de minutes ni de secondes, – une heure immobile qui n'est pas marquée sur les horloges, et cependant légère comme un soupir, rapide comme un coup d'œil. (...). Et si (...) quelque Démon du contretemps venait me dire: « (...) Que cherches-tu dans les yeux de cet être? Y vois-tu l'heure, mortel prodigue et fainéant? » je répondrais sans hésiter: « Oui, je vois l'heure; il est l'Eternité! » (*Petits poèmes en prose* XVI, Club 225–26)[3].

Dans le chapitre précédent, j'ai constaté que la démarche du dernier groupe de poèmes de la première partie peut être décrite comme une réduction successive de valeurs positives, démarche aboutissant au désespoir de *L'Horloge* atténué seulement par la forme interrogative[4]: au bout de la course du temps se dresse la menace de la mort. Or, le début du groupe est imprégné d'une positivité exceptionnelle: du fond des yeux des chats jaillit l'éternité! C'est là la raison pour laquelle le sonnet donne un exemple particulièrement clair de la nature cyclique de la quête baudelairienne. En effet, dans la plupart de ses poèmes, la négativité, dont nous avons vu (chapitre I) la force prépondérante, qui fait basculer le modèle cyclique vers la verticalité descendante, s'oppose à la réalisation parfaite du cercle qui s'étire alors en *ligne courbe*, figure fondamentale de l'univers baudelairien. Mais un des caractères essentiels du sonnet des *Chats*, caractère étrangement négligé par la critique, est précisément sa positivité totale: tous les signes qui y figurent s'inscrivent par leurs connotations dans la sphère de l'idéal dont ils explorent selon une disposition savante les charges variées de

[3] A partir de ce texte, Gaston Bachelard. *Instant poétique et instant métaphysique* 228, qui classe Baudelaire parmi les poètes heureux capables de saisir naturellement l'instant stabilisé (il faudrait préciser: dans de rares moments privilégiés, car le plus souvent, cette saisie reste à l'état d'aspiration douloureuse), observe avec perspicacité qu'un poème basé sur une telle expérience « ne se déroule pas, il se noue, il se tisse de nœuds à nœuds. » C'est précisément la structure cyclique qui se dégagera de notre analyse des *Chats*.

[4] V. supra, 2e chapitre p. 134.

positivité[5]: la science et la volupté forment les deux pôles du champ de l'idéal, pôles représentant les bornes ultimes de la positivité dont ils expriment chacun un aspect constitutif, et à partir desquels le poète part à la recherche du souverain bien. Et nous verrons que ce souverain bien est incarné dans les chats.

3. Le sexe des chats

C'est le signe des chats, signe central du sonnet, qui, de façon significative, fournit la meilleure illustration de cette positivité étonnante. Le chat baudelairien est toujours un animal érotique[6], exhibant normalement le double caractère de l'amour: extase et cruauté, oubli de l'être et affirmation de l'être. Or, si la volupté est l'une des constituantes du monde des *Chats*, il est tout à fait remarquable qu'elle manque précisément ici de la dimension *sadique* essentielle à la conception baudelairienne du transport amoureux:

> « Cruauté et volupté, sensations identiques, comme l'extrême chaud et l'extrême froid. »
>
> (*Mon cœur mis à nu*, cf. *Fusées* III (Club 1423) et *Fusées* XI (Club 1431))[7].

Dans ses écrits intimes, Baudelaire relie à plusieurs reprises le chat à la femme dans ce que celle-ci a de satanique. Le fameux passage de la double postulation (*Mon cœur mis à nu* XI, Club 1455) déclare sans ambages:

> L'invocation à Dieu, ou spiritualité, est un désir de monter en grade; celle de Satan, ou animalité, est une joie de descendre. C'est à cette dernière que doivent être rapportés les amours pour les femmes et les conversations intimes avec les animaux, chiens, chats, etc. »

passage auquel fait écho une remarque moins fréquemment citée de la onzième *fusée* (Club 1432):

---

[5] Le seul terme empreint de négativité est v. 8 « servage », signe qui, à mon avis, sert plutôt à illustrer, par antinomie, la notion positive de fierté qu'à introduire un axe indépendant et structuralement significatif de négativité dans le poème. Il n'est d'ailleurs pas sans intérêt de signaler, dans cette perspective, que le poème des *Chats* a été rédigé avant 1847, appartenant ainsi à la première grande époque créatrice de Baudelaire. Cf. Leakey *Nature* XIII n. 3.

[6] Cf. la boutade de *Fusées* XIII (Club 1434): « Pourquoi les démocrates n'aiment pas les chats, il est facile de le deviner. Le chat est beau; il révèle des idées de luxe, de propreté, de volupté, etc. »

[7] Cf. Blin. *Sadisme* 20 n. 4: « Il n'est pas douteux que, si Baudelaire préfère le chat à tout autre animal, c'est à cause de son humeur indissolublement cruelle et voluptueuse. »

« Minette, minoutte, minouille, mon chat, mon loup, mon petit singe, grand singe, grand serpent, mon petit âme mélancolique.

De pareils caprices de langue, trop répétés, de trop fréquentes appellations bestiales témoignent d'un côté satanique dans l'amour (...). »[8]

Dans le corps même du recueil, le chat apparaît sous la même double figure. Sa valeur de signe central dans le riche bestiaire baudelairien est attestée par le fait que Baudelaire ne lui consacre pas moins de 3 poèmes-définitions: XXXIV *Le Chat*, qui célèbre la double nature de la Vénus noire (le regard à la fois profond et froid, le parfum subtil, mais dangereux, les griffes retenues, etc.), LI *Le Chat*, qui se rapproche davantage de la positivité du troisième poème, LXVI *Les Chats*, puisqu'il incarne l'oubli magique concédé par la belle sorcière. La première mention qui est faite dans les FM du « chat voluptueux » est de la même veine: XIX *La Géante* 4 (rappelons que ce texte préfigure justement les cycles amoureux). Il n'en reste pas moins le fait significatif que la femme idéale, l'ange, n'est pas assimilée au chat. Tout au plus passe-t-il comme un décor expressif de la promenade amoureuse nocturne dans XLV *Confession* 9–11[9]. La dernière apparition du chat dans *Spleen et Idéal*, LXXV *Spleen* 5–6 en révèle l'autre face: son corps maigre et galeux qui s'agite sans repos évoque l'âme d'un vieux poète à la voix fantômatique[10].

On a intensément discuté pour savoir si le chat baudelairien devait être associé à la masculinité ou à la féminité. Pour Riffaterre, la question elle-même est oiseuse; le trait pertinent serait simplement la sexualité générale des chats (p. 229). Simplifiant brutalement la réalité poétique, Jakobson et

---

[8] Cf. encore *Fusées* XI (Club 1430–31): « *De l'air dans la femme*. Les airs charmants et qui font la beauté sont: (...) l'air chat, enfantillage, nonchalance et malice mêlés. »

[9] Notez que, même dans ce poème de l'épanchement intime, les chats incarnent les deux attitudes fondamentales: le chat chasseur (le sadisme), et le chat familier et caressé (l'extase, l'oubli).

[10] C'est là d'ailleurs la dernière image que tout le recueil des FM nous offre du chat, celui-ci appartenant ainsi exclusivement à la partie du livre où Baudelaire nous parle de la poésie et de l'amour. Cependant il existe une pièce de circonstance (PD XIV, Adam 230–31) où Baudelaire s'est amusé à railler un ami libertin au nom suggestif de Monselet en l'assimilant à un « petit chat », potpourri de tous les traits qui distinguaient cet animal érotique dans sa grande poésie: sexe androgyne, (petites-maîtresses; pacha) douceur-fierté (hagard), regard-reins (queue).

Lévi-Strauss[11] prétendent que les chats des FM sont toujours féminins[12]. Or, la vérité, qui ne surprendra guère un lecteur assidu de Baudelaire, est naturellement ici encore que le chat est *double*, « véritable oxymoron vivant » (Durand 26), également par rapport à son sexe, mais d'une dualité dynamique, *tendant* à l'amalgame: structure ternaire orientée vers le bas, c.-à-d., dans la question qui nous occupe, vers la féminité.

Ainsi le premier poème-définition, voué à la Vénus noire, présente logiquement un chat d'essence féminine (FM XXXIV); le deuxième, conformément au charme consolateur de la belle sorcière, tente une synthèse androgyne des deux principes: « (. . .) est-il fée, est-il dieu? » (FM LI 32), tandis que le troisième, poème de l'idéalité sereine, tente de sauvegarder à l'Eros, auquel le chat est indissolublement voué, sa suprématie masculine[13]. Cependant, comme le signale excellemment Pellegrin 93 (qui résume bien le débat, p. 92–93), cette masculinité dominante fait une petite place à l'élément féminin: les chats « puissants » sont aussi « doux » et, surtout, ils connaissent la plénitude de la femme enceinte (v. 12)[14]. Hors des poèmes-définitions le chat est identifié au poète esclave de la femme ou vaincu par l'existence (tandis que le chat féminin adoptait nettement le rôle du maître, de la femme vampire), sauf dans *Confession* où il s'attache aussi bien à la femme qu'à l'homme.

4. Hypertrophie de la critique

Le petit texte poétique de douze vers que je vais maintenant examiner dans le détail pour en dégager la 'machine à transposer', a fait l'objet d'une im-

---

11 Par la suite ces auteurs seront désignés par l'abréviation JLS.

12 Idée soutenue aussi par René L. Rousseau 95. Le débat a surtout fait rage à propos du sexe des chats de FM LXVI. JLS 21 tirent argument du *genre* grammatical pour déterminer le *sexe* biologique: dans le sonnet les chats seraient essentiellement *androgynes*, car tout au long du sonnet cette ambiguïté serait « soulignée par le choix paradoxal de substantifs féminins comme rimes dites masculines », transfert abusif de grammaire à réalité excellement critiqué par Riffaterre 209. Précisément, le cas du chat baudelairien montre d'une façon exemplaire l'absence de rapport direct entre la grammaire et la poétique, entre genre et sexe. Malgré son genre grammatical, *le* chat peut fort bien représenter un principe féminin, et il est significatif que les FM n'aient pas eu besoin de *la* chatte (forme qui n'y figure pas) pour opérer ce transfert poétique.

13 Voir à ce propos Cellier 208.

14 Cf. l'analyse de Riffaterre 229 du champ stylistique de 'plein'. – Il n'est d'ailleurs pas exclu de penser que le dernier poème de la première série allégorique, LXIX *La Musique*, offre la même alliance d'un principe masculin dominant et d'une féminité « pleine », fournissant ainsi une nouvelle instance du principe compositionnel cyclique.

mense littérature dont l'ampleur paraît bien disproportionnée à son objet. Les seules deux dernières années (1971 et 1972) ont vu s'accroître les exégèses des *Chats* de 59 pages[15]! S'il ne m'a pas semblé totalement vain d'en rajouter encore, c'est que la perspective dans laquelle j'aborde ce poème permet de discerner en quoi il s'agit d'un texte véritablement *baudelairien* dont, par conséquent, il n'est pas possible de tirer la polysémie dans n'importe quelle direction au gré du critique du jour. Aussi n'entrerai-je pas en détail dans les polémiques des critiques, dont j'essaierai seulement de tirer profit au cours de mon analyse.

Le travail qui a suscité cette production critique intense est l'article de R. Jakobson et de Cl. Lévi-Strauss (publié en 1962), dont il faut reconnaître la valeur, ne serait-ce que par l'importance et la qualité des réactions qu'il a provoquées. Les deux auteurs veulent donner un modèle d'analyse poétique, soi-disant structurale, basée sur l'observation des structures phoniques et grammaticales du sonnet. Les deux savants doivent penser que, comme la poésie se sert de la langue et que la langue s'étudie à travers l'observation des structures grammaticales, il suffit de dégager celles-ci pour connaître la structure poétique du texte; on peut alors immédiatement aborder son interprétation anthropologique. Ainsi est étrangement passé sous silence le niveau porteur de la signification fondamentale, celui des signes poétiques; un saut hardi mène de l'étude de la substance de l'expression à l'affirmation de la substance du contenu.

Riffaterre, Mounin et autres ont déjà signalé l'insuffisance d'un tel modèle grammaticalisant qui semble oublier que le texte poétique s'exprime à travers une métalangue et que la « forme du contenu » de celle-ci (pour parler encore en termes hjelmsléviens) n'est pas constituée par des structures linguistiques proprement dites (en l'occurrence des structures syntaxiques), mais par les signes poétiques. Dans un article plein de verve satirique contre les critiques littéraires « mythophages » complexés par les triomphes de la statistique et de la linguistique, G. Durand entreprend de démolir la mystification antimythique de JLS en insistant particulièrement sur la primauté, au niveau du contenu, du langage symbolique (op. cit. 20–21).

La mystification de JLS a eu le résultat malencontreux de soulever une série de faux problèmes dont la critique n'a pas encore fini de se débarrasser. En particulier, s'inspirant peut-être de la linguistique générativiste, ils se sont longuement penchés sur les ambiguïtés du texte, oubliant apparemment

[15] Voir la bibliographie de la question dans Pellegrin 89 n. 1 et 2. Il faut maintenant y ajouter l'article de Frandon et celui de Somville.

qu'ambiguïté grammaticale et ambiguïté poétique sont loin d'être identiques. Je n'en veux pour exemple que cette malheureuse idée des deux sens de « eût pris pour » (v. 7): 1) « aurait confondu avec »; 2) « les adopterait comme ». Pris isolément, le syntagme peut prêter à discussion, mais dans le contexte du sonnet il serait absurde de penser à une méprise (l'Erèbe aurait-il des faiblesses visuelles?) qui n'apporterait rien à la fierté funèbre des chats, qualité qu'il s'agit pourtant de mettre en valeur (cf. la bonne critique détaillée de Frandon 107 sqq.). La confusion des niveaux d'analyse (niveau des sons, niveau grammatical, niveau sémantique, niveau symbolique) provoque souvent des résultats surprenants de court-circuit herméneutique. Justement, les v. 7–8 nous en offrent un exemple. On sait que, se basant surtout sur des observations grammaticales et sémantiques (non-présent, cf. infra p. 154, construction syntaxique, usage d'un nom propre, mythologie), JLS font de ces vers presque la cheville ouvrière de leur analyse[16]: ils ordonneraient le balancement entre composition bipartite et composition tripartite qui fournirait le secret même de ce texte. Puis, sautant brusquement à l'interprétation ethnologique, ils en arrivent à cette idée saugrenue que les v. 7–8 exprimeraient un refus de la condition animale. A quoi Goldmann et Peters 412 n. 2, p. ex., font observer fort justement « qu'en réalité il s'agit d'un refus de la servitude motivé par l'orgueil et la fierté. » Je ne puis me dispenser de relever ici, avec Pellegrin 110 n. 17, que le rapprochement opéré par Goldmann et Peters entre « orgueil de la maison » et « leur fierté » est un autre exemple de gratuité critique: le rapprochement existe dans le dictionnaire, mais pas dans le texte, où les chats ne sont pas orgueilleux: ils provoquent l'orgueil chez les habitants de la maison[17].

Ce que je retiens personnellement du travail de Jakobson et de Lévi-Strauss – à part maintes suggestives observations de détail – c'est leur

---

[16] Il faut croire que c'est sur la lancée de sa propre raillerie que Durand 21 prend l'exact contrepied de JLS: « Ces deux vers sont bien en effet remarquables, mais précisément parce que ce sont les moins bien venus du poème (. . .) ». Qualifiant ces vers de vain remplissage, Durand ne fait que contribuer, bien malgré lui, à perpétuer un de ces faux problèmes introduits par JLS.

[17] Pour une critique générale de la superstition grammaticalisante qui faisait l'objet des sarcasmes de Durand, je renvoie à l'article de Knud Togeby. *Littérature et linguistique.* in: *Immanence et structure.* Copenhague 1968, pp. 203–06. Cf. aussi les justes remarques de Mounin 158 sq. Certes, je ne nie pas l'existence de *rapports* entre structures syntaxiques et structures poétiques: v. mon analyse de certaines structures temporelles dans la *Chute* de Camus, in: *Orbis Litterarum* XXVI (1971) pp. 291–320. Seulement je maintiens qu'il s'agit de deux *niveaux* d'analyse que, dans un premier temps du moins, il est impératif de considérer isolément.

tentative de s'approcher d'une étude de la « forme de l'expression » poétique, c.-à-d. des structures phoniques significatives au niveau des connotations. Dans les pages suivantes, je m'en tiendrai à la façon dont les signes poétiques structurent l'espace imaginaire du sonnet. Libre à tout critique d'*interpréter* ensuite la structure mise à jour, à condition, toutefois, que l'exégèse reste à l'intérieur des latitudes inhérentes aux signes poétiques baudelairiens.

5. La répartition quadripartite de l'espace – et du poème

Il s'agit d'un sonnet: carrefour de contraintes techniques dont Baudelaire joue avec bonheur[18] – mais non pas *se joue*, comme le feraient croire maintes remarques de JLS – avec la même aisance souveraine et comme naturelle que Racine le faisait de la tragédie cornélienne, convertissant les servitudes classiques en structures nécessaires, évidentes. Or, l'évidence du sonnet, ce sont d'abord les quatre strophes. Il est parfaitement vain de vouloir réduire cette successivité quadripartite à une composition binaire ou ternaire, ou encore, à la façon de JLS, à une oscillation savante entre les deux principes. Il n'est que de considérer la constitution de l'*espace* pour se persuader de la disposition quadripartite du texte. En effet, les quatre strophes renvoient à quatre *lieux* successifs. Si l'analyse paradigmatique met en valeur le parallélisme qui les relie entre eux, transcendant ainsi leur juxtaposition, l'analyse syntagmatique fait apparaître le mouvement dynamique d'*élargissement* qui en régit la successivité, comme le montre le tableau de la page 150.
Selon JLS, donc, la composition du sonnet allierait la bipartition à la tripartition. Celle-là reposerait sur la prétendue étrangeté des vers 7–8 qui couperaient le poème en deux « strophes », sizains arbitraires séparés par un distique fantômatique. Comme, au niveau des signes poétiques, je ne vois aucun argument pour briser le deuxième quatrain, ce genre de bipartition relève de la pure fantaisie. La bipartition pertinente ne saurait être que celle commandée par les contraintes métriques: quatrains d'une part – tercets d'autre part. La tripartition (proposée par JLS 7) semble mieux étayée, savoir par la structure phrastique. Conformément d'ailleurs aux règles de l'art, les deux tercets apparaissent plus étroitement liés par leur syntaxe que ne le sont les quatrains. Ce qui suffit à JLS pour regarder ceux-là comme une sorte de strophe unique (autre sizain)[22]. Mais, de fait, le seul argument valable est l'« enjambement » traditionnel des rimes: eef / gfg, car la structure

[18] Comme le rappelle opportunément Frandon 104, qui s'étonne à juste titre de l'inexplicable silence observé chez JLS à propos de ces exigences formelles.

niveau syntagmatique élargissement de l'espace	strophe	lieu	niveau paradigmatique jeu de lumière = appartenance cosmique
endroit fermé, de grandeur moyenne	I.	maison	luminosité nulle lieu fermé
ténèbres – silence endroit qui commence à s'ouvrir	II.	le monde de la mort	*parallélisme* ténèbres: luminosité négative
solitudes – grandeur les immensités sans fin du désert	III.	le désert[19]	luminosité nulle lieu ouvert
endroit ouvert[21] Cosmos contenu dans les prunelles: à la fois élargissement inouï et concentration énorme: les chats sont comme le centre de la maison, mais aussi l'emblème de l'univers: mouvement cyclique	IV.	corps des chats	*contraste* « or »: luminosité triomphante (illumination du monde transformé)[20]

phrastique parle en réalité en faveur de la quadripartition. JLS (loc. cit.) observent correctement que le « sonnet comprend trois phrases complexes délimitées par un point [...] ». Cependant la portée de l'observation ne dépasse guère le niveau de l'orthographe, puisque seul le point-virgule du v. 11 permet de parler d'une même phrase pour les deux tercets. En réalité,

19 Si besoin était, cette interprétation de v. 10 « au fond des solitudes » serait confirmée par LXXVI *Spleen* 21–22 « Assoupi dans le fond d'un Sahara brumeux; / Un vieux Sphinx ignoré du monde insoucieux ». Cf. la brillante définition du champ sémantique baudelairien de la *solitude* in Riffaterre 227 sq. En particulier, celui-ci signale que la notion de température n'a aucune pertinence ici, contrairement à ce qu'avaient pensé JLS 15. Il s'agit du monde silencieux contemplé dans la deuxième strophe du *Gouffre* (Riffaterre 228).

20 Ce parallélisme espace-luminosité a été bien vu par Pellegrin 98.

21 L'opposition 'contenant clos'-'contenant ouvert' appartient bien sûr aux « archétypes » baudelairiens. Cf. Durand 25 et 29.

22 La méprise de JLS est d'ailleurs à la base de l'erreur de Goldmann et Peters 411 pour qui les deux tercets décriraient une seule et même synthèse (la troisième) réussie. V. infra p. 153.

le sonnet est construit sur quatre phrases et, du point de vue *syntaxique*, il est parfaitement justifié de considérer que chacun des tercets est construit sur une phrase indépendante. Le point-virgule souligne non pas une réalité syntaxique, mais uniquement un fait rythmique: la pause entre les tercets doit être moins importante que la pause qui sépare les quatrains[23]. Voilà donc encore un exemple de ces faux problèmes suscités par JLS. Si l'on ne confond pas les *niveaux* de l'analyse, on s'aperçoit aisément que la présence du point-virgule doit ainsi d'*abord* être mise en rapport avec la disposition des rimes et les propriétés métriques du texte, propriétés qui établissent sans doute possible une structuration binaire (naturellement relevée par JLS) entre quatrains et tercets[24]. Ce n'est qu'au niveau suivant qu'intervient la structure phrastique qui, elle, maintient la disposition fondamentale de la successivité en quatre temps primordiaux. Si tel est indubitablement le résultat de l'analyse *syntagmatique*, nous verrons plus loin que la perspective *paradigmatique* exigera le retour à ce débat sur bipartition et tripartition.

6. Les quatre étapes transmutationnelles

Si l'on a saisi que le sonnet roule sur le thème de la nécessité d'« extraire l'or des gangues de la vie » (LXXXV *L'Horloge* 15–16), processus condensé dans l'emblème des chats, il n'est pas difficile non plus de comprendre que chaque strophe décrit une étape de cette route vers le trésor mystique, c.-à-d. la transfiguration définitive des minutes en étincelles magiques.

La première pose le monde physique, matériel, point de départ de l'aventure transformatrice, en en montrant les éléments dans leur configuration physique « à domicile ». C'est en quelque sorte le *monde des qualités*, puisque tous les objets en sont définis non par leur essence transcendantale, mais par des épithètes qualificatives, sauf précisément les chats, seul substantif admis dans les syntagmes substantivaux de la strophe[25]. C'est que Baudelaire introduit dans ce monde quotidien le mouvement que nous connaissons bien de la *transposition*: les chats « puissants et doux » commencent à se substituer, dans un mouvement doublement parallèle et chiastique[26], aux amoureux fervents et aux savants austères. Seulement, le mouvement n'apparaît

---

23 Ici encore conformément à la τέχνη poétique.

24 A noter ici encore le parallélisme: les quatrains utilisent trois propositions principales, exactement comme les tercets.

25 Il faut y ajouter « orgueil », simple apposition aux chats. « saison » et « maison » entrent dans des compléments prépositionnels.

encore qu'à l'état de simple virtualité, puisque la transformation amorcée reste contenue dans les bornes d'une *comparaison* (v. 4 « comme eux »): le déroulement du texte aura ainsi pour tâche d'en épanouir l'actualisation[27].

Après cette petite peinture de genre, reprise d'ailleurs dans LXXV *Spleen* 5–8, le vrai mouvement s'introduit dans la deuxième étape qui aborde la lente transfiguration des chats, transfiguration qui, conformément à la technique de la transposition baudelairienne, commence par la réduction des objets réels du monde physique à leur essence: amoureux fervents > volupté, et savants austères > science. Précisément, cette deuxième strophe place partout de vrais substantifs dans ses syntagmes substantivaux (silence. Erèbe, fierté, etc.): nous sommes passés dans le *monde des essences*[28].

---

26 L'entrecroisement des qualités apparaîtra dans la figure suivante:

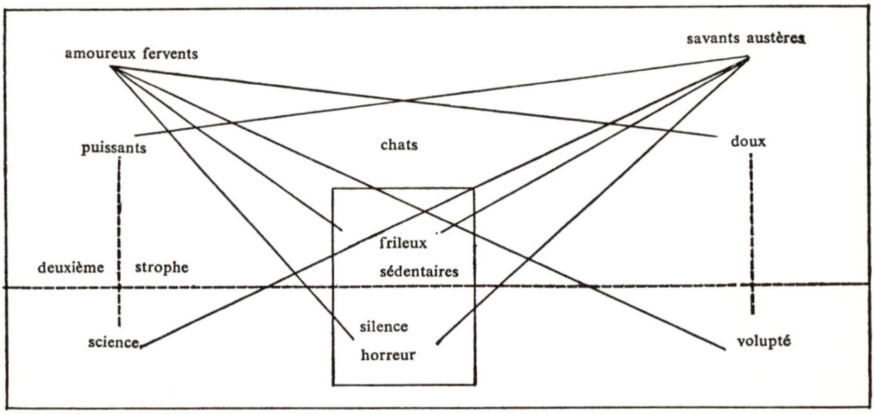

27 Cf. Goldmann et Peters 410 qui, négligeant cette réalité linguistique, parlent arbitrairement d'une synthèse *accomplie*. C'est d'ailleurs abusé par cette interprétation hâtive que, dans son intéressante étude des mouvements détaillés de chaque strophe, Delsipech 416 est amené à voir dans la première strophe une progression régulière (« arithmétique» selon le terme de JLS) vers la synthèse; ainsi le couple 'fervents-austères' renfermerait une « opposition sémantique radicale », tandis que celle du couple 'puissants-doux' serait « atténuée »! Mais dans l'usage courant, n'est-ce pas plutôt 'douceur' et 'puissance' qui sont le plus près de l'opposition polaire? V. les remarques pertinentes de Pellegrin 94.

28 Ce caractère essentialiste de l'étape est souligné par la prépondérance des *noms abstraits*. Le processus de nominalisation apparaît si l'on rapproche la comparaison des deux strophes: celle de la première est basée sur des épithètes, et celle (négative) de la deuxième: « les eût pris pour ses coursiers », fondée sur le substantif. En outre, le processus est souligné par deux synecdoques qui remplacent une épithète relativement concrète avec un nom abstrait: fierté = âmes fières; horreur des ténèbres = ténèbres horribles.

Cependant cette première transformation reste inachevée (ou échoue, si l'on veut – mais mieux vaut éviter cette notation qui ferait déjà apparaître un élément d'interprétation dans la description structurale): les chats ne se muent pas en coursiers de l'Erèbe. Tout baudelairien reconnaîtra ici l'attirance qu'exerce la mort (la négativité descendante) sur le poète, mais il importe de souligner que, dans ce texte de jeunesse, la négativité verticale (transcendantale) est précisément refusée. C'est en ce sens que l'on peut estimer avec Goldmann et Peters 411 que l'« échec » de la première transformation signale un refus de la synthèse basée sur la transcendance.

Dans le premier tercet s'accomplit la transmutation des chats. Cependant ceux-ci ne sont pas encore pleinement transfigurés, puisqu'ils ne dépassent pas totalement leur statut initial: tout en s'élargissant, le lieu est toujours là. Ainsi la troisième étape présente une première réussite de la « machine », mais réussite approximative ou partielle: les chats « prennent les attitudes des grands sphinx »; ils ne font que leur ressembler, comme ils paraissaient un instant – à tort – ressembler aux coursiers de l'Erèbe[29]. Cette étape nous introduit dans le *monde du mouvement*, dominé par les verbes: chaque vers connaît un élément verbal qui amorce une tentative de transformation. La réussite partielle est soulignée par le fait que les deux autres parties du discours restent équilibrées, les substantifs étant tous accompagnés d'une détermination épithétique[30].

A la quatrième étape, la machine à transposer le réel est totalement installée et fonctionne à plein régime. En effet, la seconde transformation réussie est *totale*. Tout en recouvrant leur propre corps, donc leur configuration extérieure, dont la présence est nécessaire pour que la transposition initiale (amoureux + savants > chats) passe de la virtualité à la réalisation[31], les chats se transforment en parcelles d'or et en étincelles magiques selon le « flowsheet » suivant:

---

[29] Il importe de noter que la transformation se fait à partir de la configuration extérieure des chats (les attitudes): nous n'avons pas encore pénétré jusqu'au cœur de la machine. La quatrième étape, elle, la fait œuvrer à partir de la configuration intérieure.

[30] On constate que les épithètes, postposées au début (amoureux fervents, savants austères, chats puissants), sont préposées ici (nobles attitudes, grands sphinx)? Quel qu'en soit le mobile, il est certain que JLS 16 ont raison de relever ici, tout comme dans la deuxième strophe, l'*abstraction* des substantifs, en opposition avec les noms de la strophe suivante.

[31] Cf. la note précédente sur la *nature concrète* des substantifs.

hommes		
matériaux	volupté	science
instrument	reins	prunelles
produit	étincelles magiques	parcelles d'or
chats		

7. Fonctionnement de la "machine"

Ce qui fait marcher la machine (son « combustible », sa ressource énergétique), c'est évidemment le *principe de lumière* qui transfigure tout l'univers, jaillissant des reins et rentrant par les prunelles[32]. La transformation consiste en un double mouvement de réduction et d'élargissement: l'être matériel est réduit à un seul élément qui, en vertu d'une transformation mystique, lui permet d'embrasser le monde entier; la réduction se fait par la vue, l'épanchement par les reins. Reproduisant le monde dans le miroir magique des yeux, ce tercet le transfigure en son essence. La quatrième étape nous entraîne ainsi dans le *monde des essences qualifiées*, c.-à-d. un monde dynamique où les essences s'actualisent sans cesse par leur aptitude à se transmettre leurs qualités.

C'est pourquoi l'équilibre règne dans la dernière strophe entre les 3 parties du discours, verbes, substantifs et épithètes, et pourquoi l'on retrouve l'ordre des mots de la strophe initiale avec la post-position constante des épithètes. En outre, on relève la nature particulière des substantifs qui se rapprochent de ceux de la première strophe sans s'y identifier. Pour JLS 8 sq., après les substantifs *animés* du début[33], on observe un mouvement progressif vers l'inanimé. Seulement, c'est à tort qu'ils ne voient que l'inanimé dans la dernière strophe (p. 9); à mon sens les deux noms centraux, les reins et les prunelles, appartiennent à une catégorie intermédiaire entre l'animé et l'inanimé, catégorie caractérisée par ses capacités *créatrices* (les reins enfantent des étincelles, les prunelles reproduisent les étoiles, « parcelles d'or »), nouvelle instance de la synthèse totale qui s'opère dans cette strophe.

Précisément, l'étape définitive est encerclée par les deux noms de « reins », qui l'ouvre, et de « prunelles », qui la termine. Ainsi la strophe est marquée par un *mouvement circulaire* qui parfait le mécanisme de la machine baude-

---

[32] Cellier 213 insiste avec raison sur la luminosité du tercet et je crois légitime son identification: « Les Chats sont des Phares. »

[33] Rectifions: le seul vrai substantif animé de la première strophe est 'chat'!

lairienne, puisqu'il lui assure un fonctionnement ininterrompu. Ce mouvement réunit les deux pôles distingués au début: hors du corps sortent des produits (les étincelles jaillissant des reins, élément spatial ouvrant sur le cosmos) qui, transformés en points dorés lumineux (les parcelles d'or qui étoilent la voûte du firmament), viennent se greffer dans les prunelles qui ouvrent sur le microcosme contenu dans le corps des chats[34]. Ce processus est circulaire, car, parcourant le corps des chats, les reflets captés par les prunelles se transforment à leur tour, jaillissant des reins sous forme d'étincelles, et ainsi à l'infini[35]. La figure suivante donnera une idée de l'organisation de la dernière strophe:

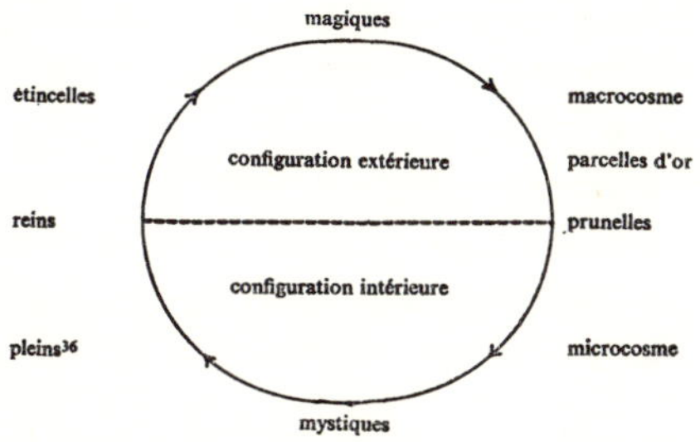

8. Le niveau paradigmatique: le chiffre ésotérique

Je ne suis pas certain que, dans l'œuvre de Baudelaire, le sonnet des *Chats* mérite la place que le nombre même des interventions critiques tend à lui assigner. Il est vrai que le double mouvement de contraction et de dilatation est au cœur même de la vision baudelairienne, comme en faisait foi le fameux fragment de *Mon cœur mis à nu*[37]. Mais précisément, ce qui appauvrit *Les*

---

[34] Il convient d'insister sur la productivité du mouvement qui contraste avec les rêves improductifs du premier tercet, contraste relevé par le rappel, dans la phase fertile, des sables désertiques où s'endorment les sphinx (v. 10–11): v. « sable fin », élément que la fin transfigure précisément en « parcelles d'or. »

[35] Le mouvement circulaire est évidemment aussi la synthèse du principe statique (I + III) et du principe dynamique, qui apparaissait dans II sous une forme *linéaire.*

[36] Je n'ai pas commenté ce mot capital qui forme la preuve décisive de ce que le mouvement parcourt le corps des chats. L'épithète montre clairement que les reins sont *chargés,* qu'ils ont donc reçu une force sécrétée à l'intérieur du corps. Voir l'analyse détaillée que fait Riffaterre 229 du mot.

[37] « De la vaporisation et de la centralisation du *Moi.* Tout est là ». (Club 1449).

Chats et rend le texte moins pertinent que tant d'autres pour connaître le 'gouffre' existentiel baudelairien, c'est l'*absence du moi*, autrement dit l'absence d'*orientation* du modèle esquissé. J'ai déjà effleuré cette problématique en signalant la prédominance exclusive des valeurs positives. Par là notre texte s'inscrit, il est vrai, dans un groupe de poèmes assez large, comprenant, entre autres, IV *Correspondances*, XLVII *Harmonie du soir*, LXII *Moesta et errabunda*, etc.; mais il s'en distingue par son caractère impersonnel, marqué p. ex. par l'usage constant du pluriel et du présent intemporel[38]. On devine à travers ce texte combien le jeune Baudelaire a dû se sentir attiré par l'*ésotérisme* de certains cercles romantiques avancés; car ce sonnet des *Chats*, qu'est-il donc, sinon la tentative d'insérer, à l'aide de l'incantation poétique, un *chiffre* magique dans le monde de la parole, chiffre à la fois ingénieux et naïf? Ce n'est pas sans raison que Durand 33 sq. a proposé une lecture *alchimique* de ce texte de la « transmutation ».

Une réflexion sur le niveau *paradigmatique* du sonnet, déjà amorcée avec l'établissement du modèle cyclique de la dernière strophe, va nous permettre de traduire en clair ce chiffre ésotérique. Il faut faire intervenir ici l'idée de JLS 7 sur le balancement rythmique entre deux principes (cf. supra p. 147). Ainsi, il faut convenir que la syntaxe favorise une liaison entre le premier quatrain et le deuxième tercet, construits tous deux sur un verbe principal suivi d'une proposition relative, et entre le deuxième quatrain et le deuxième tercet, construits sur deux verbes principaux suivis d'une proposition adverbiale (représentée dans le tercet par la proposition nominale « ainsi qu'un sable fin », v. 13).

Cette observation est d'autant plus importante que, si la composition binaire n'était pas relayée par une disposition ternaire, le balancement qui parcourt tout le texte s'assimilerait fatalement au tic-tac de l'horloge, rythme qui arracherait le chiffre à l'univers hermétique de l'ésotérisme pour rétablir immédiatement « l'horreur des ténèbres » et la terreur spleenétique de la vie réelle. Voilà pourquoi le poème peut aussi être divisé en trois, composition métrique figurant un rythme ternaire (1–2–3), seul capable de conjurer

[38] Il serait trop long d'entrer aussi dans le débat autour de la valeur temporelle; Léon Cellier p.ex. voit une recherche concrète, actuelle, dans le v. 5, et on connaît l'acharnement des critiques à arracher leur secret aux v. 7–8. V. supra p. 148. Pour ma part, je me range à l'avis de Frandon 107 qui constate que « eût pris » et « pouvaient » appartiennent au niveau sémantique du présent, entrant dans un système hypothétique tout à fait normal et formulant une hypothèse qui concerne naturellement le présent – ou plutôt dont la valeur ne connaît pas de restriction.

le dualisme de l'horloge. C'est ici que nous retrouvons, sous le couvert du problème de la bipartition et de la tripartition de notre texte, la vieille querelle sur la question de savoir si Baudelaire est dualiste ou moniste mystique.

Du point de vue paradigmatique, cette question de découpage est cependant peu importante. Car, à ce niveau, la structure est constituée, non par les rapports entre un certain nombre de parties successives du poème, mais par les innombrables liens qui parcourent le sonnet dans tous les sens: tous les efforts compositionnels dépensés au cours du texte visent justement à invertir la succession en un système croisé basé sur les correspondances pluridirectionnelles[39].

Du point de vue du contenu, nous pouvons résumer ce chassé-croisé de correspondances de la façon suivante. Dominés par la vision du dehors, les deux quatrains évoquent la dualité primordiale, opposant vie et mort physiques. Les deux tercets, qui adoptent la vision du dedans, opposent mort (rêve) et vie psychique, dans une recherche de l'unité mystique. La première et la dernière strophe présentent deux mondes actualisés (la sphère de la vie réelle et la sphère de la vie surréelle), tandis que les strophes intermédiaires parcourent les deux mondes virtuels de l'hypothèse (c.-à-d. de la pensée) et du rêve.

Ainsi s'explique le triple parallélisme qui permet de grouper simultanément les strophes en 3 systèmes:

1) système successif:	I + II – III + IV
2) système croisé:	I + III – II + IV
3) système récursif: (cyclique)	I + IV – II + III

C'est en vertu du même principe qu'est varié l'ordre de présentation des deux « personnages »:

1) ordre direct:	amoureux – savants
2) ordre inversé:	science – volupté
3) ordre direct transposé:	reins – prunelles[40].

39 Cf. Durand 31 sq. qui tresse magistralement cette couronne raffinée des imbrications du sens.

40 Cf. p. 152 n. 26.

Dès lors, ne serait-il pas possible de concrétiser le chiffre des *Chats* par la figure suivante?

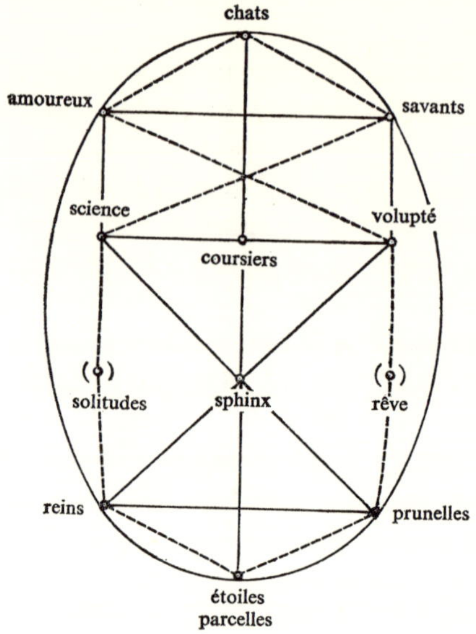

En guise de conclusion: la remontée de l'abîme

> « Die besondere Schönheit so vielen Baudelairescher Gedichtanfänge ist: das Auftauchen aus dem Abgrunde » (W. Benjamin 246).

La profonde vérité de la note qu'a laissée Walter Benjamin sur l'étrange beauté de tant de débuts de poèmes baudelairiens a dû être ressentie par tout lecteur. C'est à chaque fois comme si le poète, saisissant la plume après son long voyage au bout de la nuit, renaissait sous nos yeux étonnés, reconstruisant un monde que nous finissons par reconnaître comme le nôtre.

Le curieux est que la remarque de Benjamin pourrait tout aussi bien s'appliquer à de nombreuses fins de poèmes qui frappent notre attention par la troublante beauté d'une conquête sur la mort. Cependant il n'est pas rare qu'entre ces deux termes du poème nous nous sentions gênés par une espèce de temps mort, souvent marqué par ce que l'on a appelé le prosaïsme de Baudelaire[1]. Or, cette alternance qualitative tripartite me paraît correspondre étroitement à la structuration de son univers poétique.

Au cours premier chapitre, j'ai essayé de démontrer, dans la structure du signe baudelairien, la recherche d'une synthèse toujours démentie par la prédominance du pôle négatif; en termes spatiaux, nous avons pu constater la recherche d'un mouvement vertical ascendant, tendant vers l'idéalité, mouvement converti le plus souvent en ligne courbe descendante. A cette orientation du signe faisait écho une triple structuration compositionnelle. J'ai cru pouvoir montrer dans le deuxième chapitre que la plupart des cycles des FM avaient pour centre un équilibre entre l'extérieur et l'intérieur, visant donc à fonder une temporalité qui permettrait à l'homme de s'intégrer harmonieusement dans le monde. Cependant, le déroulement (la succession) même des cycles démentait cet équilibre, puisqu'ils se terminaient généralement par la prépondérance exclusive de l'intériorisation selon un processus aboutissant à replonger l'homme dans l'enfer de sa conscience, malgré tous

---

[1] A son tour ce phénoméne est lié aux défaillances de l'« inventio » baudelairienne qui est décidément la partie faible de sa rhétorique, sans qu'il faille évidemment aller jusqu'à parler avec Randolph Hughes 485 de « l'indigence des facultés créatrices de Baudelaire » ou de son « extrême pauvreté d'invention » (p. 484).

ses efforts pour extérioriser, c'est à dire pour affirmer la réalité objective de ses idéaux.

Enfin mon troisième chapitre visait à décrire l'établissement exceptionnel d'une synthèse parfaite qui réconciliait conscience et monde dans une cyclicité permanente. Or, le caractère absolument utopique de ce modèle synthétique qui ne subsiste que grâce à l'artifice des transpositions me paraît patent. Dans un poème écrit probablement peu avant 1855, à une époque, donc, où le poète a abandonné depuis longtemps l'optimisme mystique de sa jeunesse et des *Chats*, il évoque précisément l'antinomie entre, d'une part l'ambition ésotérique destinée à vaincre la mort par la création de « chiffres poétiques » qui s'érigent verticalement comme des fleurs, et, d'autre part la réalité inexorable du Temps dont le cours linéaire, horizontal, « mange la vie »:

> « Et qui sait si les fleurs nouvelles que je rêve
> Trouveront dans ce sol lavé comme une grève
> Le mystique aliment qui ferait leur vigueur?
> – O douleur! ô douleur! Le Temps mange la vie,
> Et l'obscur Ennemi qui nous ronge le cœur
> Du sang que nous perdons croît et se fortifie! »
> (FM X *L'Ennemi* 9–14).

Dès lors, on semble en droit de se demander si l'ambiguïté du signe recèle autre chose qu'un constat d'échec. C'est ici qu'il faut revenir à l'étrange beauté des débuts et des fins de poèmes. Au prosaïsme qui menace sans cesse la démarche poétique correspond, non pas une veine poétique tarie (jusqu'à la fin de sa vie Baudelaire resta un vrai créateur), mais le défaitisme de l'homme vaincu par l'abîme, qui a renoncé à combattre l'horloge et le spleen. Or, le propre de la structure du signe aussi bien que du déroulement du recueil, est de ne jamais nier un rebondissement possible: l'organisation du signe est dynamique. S'il est vrai que le mouvement prédominant est la courbe descendante, il est capital d'observer aussi que la courbe n'atteignant jamais de fond, laisse toujours ouverte la possibilité d'un nouveau rebondissement.

Voilà pourquoi Baudelaire débute si bien et termine avec tant de force: il faut attaquer pour s'affirmer, il faut combattre pour survivre. Une telle attitude nous explique pourquoi il est abusif de parler du pessimisme de Baudelaire. Tout comme sa philosophie n'est ni dualiste ni mystique, mais est, au contraire, un balancement dialectique d'aspiration moniste, ainsi son idéologie, si elle est dominée par une conception fort pessimiste de la condition humaine, reste empreinte sinon d'optimisme, du moins de foi en la dignité de l'homme. Ainsi la poésie de Baudelaire fait resurgir l'image de l'homme pascalien du pari, qui cherche sans jamais trouver, mais qui n'en persiste pas moins dans sa recherche, recherche que nous pouvons maintenant qualifier de désespérée sans risquer que ce terme soit interprété dans le sens d'un pessimisme total.

En réalité, Baudelaire a fort bien expliqué lui-même cette attitude, puisqu'il nous a raconté pourquoi il écrivait. En effet, si l'on s'attache trop à l'aspect négatif dominant de son univers sans en relever en même temps la dynamique, on comprendra difficilement d'où cet homme a tiré non seulement le courage, mais surtout la nécessité morale, psychique, de produire, d'écrire, de créer. Si vraiment tout essai d'élévation se révélait condamné à la chute inéluctable, il aurait été infiniment plus indiqué de se laisser choir soit dans la débauche ou l'orgueil (le dandy), soit tout simplement dans la mort. Cette question, le poète se l'est souvent posée, témoin les journaux intimes. A cet esprit convaincu de la dégradation du monde social, deux issues semblent possibles, le plaisir et le travail:

> « A chaque minute nous sommes écrasés par l'idée et la sensation du temps. Il n'y a que deux moyens pour échapper à ce cauchemar, – pour l'oublier: le plaisir nous use. Le travail nous fortifie. » (*Mon cœur mis à nu* L, Club 1441).

Ainsi la réponse qu'apporte l'homme à cette question existentielle vient confirmer la leçon que nous avons pu tirer des FM: le salut réside dans le travail même, dans l'activité créatrice: « Il faut travailler, sinon par goût, au moins par désespoir, puisque, tout bien vérifié, travailler est moins ennuyeux que s'amuser » (*Mon cœur mis à nu* X, Club 1455)[2]. Dans la fin de cet aphorisme on sent l'ironie provocante du dandy, protégeant son cœur vulnérable d'une carapace de sarcasme. La véritable raison de ce choix du travail comme seule attitude capable de conjurer l'horreur du gouffre, le poète nous la révèle dans une autre note intime.

> « Le goût du plaisir nous attache au présent. Le soin de notre salut nous suspend à l'avenir.
>
> Celui qui s'attache au plaisir, c'est à dire au présent, me fait l'effet d'un

---

2 Cf. l'excellente analyse que propose R. Galand 248 sqq. d'*Au lecteur*; il souligne en particulier la fonction salvatrice du travail poétique qui y est formulée, ainsi que dans les poèmes du début des FM sur la condition du poète: « Ainsi la création artistique deviendrait une véritable rédemption mystique » (p. 250).

> homme roulant sur une pente, et qui voulant se raccrocher aux arbustes, les arracherait et les emporterait dans sa chûte (sic) »[3].
> (*Mon cœur mis à nu* XXIV, Club 1463).

Baudelaire aurait pu devenir un grand voyageur, mais son voyage de jeunesse échoua à cause de son impuissance à saisir directement le réel. Cependant, par le truchement de la parole et du travail poétique, il a réussi à trouver le salut dans le mouvement créateur de la poésie, sorte de voyage spirituel qui lui a permis de fréquenter les gouffres sans y laisser sa vie ni même l'intégrité de sa personnalité. Finalement, le but de sa poésie est donc de mettre sur pied une dynamique, une machine spirituelle, espèce de 'perpetuum mobile', capable de conjurer le vertige existentiel, en convertissant la ligne horizontale du temps en ligne courbe d'un déroulement cyclique.

Ces réflexions permettront aussi, je crois, de reprendre le débat sur le prétendu *passéisme* de Baudelaire. Dans un essai célèbre, J.-P. Sartre analyse la conception baudelairienne du temps. Il y trouve la preuve de l'impuissance de Baudelaire à sortir de lui-même et à saisir le réel dans un engagement politique, c'est à dire à instaurer dans son temps une véritable dimension futurale. Ainsi Baudelaire ne connaîtrait que l'existence « pour-soi » de la conscience, symbolisée par l'odeur qui se dégage du flacon (Sartre 33); la seule signification accessible dans cet univers serait justement la synthèse par le parfum, c'est à dire par ce qui indique dans les choses une existence mystique ésotérique préalable:

> « Le sens, c'est le *passé*. Une chose est signifiante pour Baudelaire lorsqu'elle est poreuse pour un certain passé et qu'elle excite l'esprit à la dépasser vers un souvenir. Parfums, âmes, pensers, secrets: autant de mots pour désigner le monde de la mémoire ». (Sartre 233).

Et il est bien vrai que si l'on pense aux déclarations fracassantes sur le progrès « cette idée grotesque, qui a fleuri sur le terrain pourri de la fatuité

---

[3] Le texte éclaire aussi singulièrement le poème du *Jeu* (FM XCVI): les joueurs sont des gens qui s'attachent au présent, mais qui sont condamnés à *descendre* (XCVI 22). Walter Benjamin 224 sqq. analyse longuement ce poème. Il assimile la situation du joueur à celui de l'ouvrier à la chaîne: tous deux sont obsédés par la substitution, à la conscience d'un futur véritable, de l'idée d'un recommencement éternel: « die ewige Wiederkehr » (Benjamin 248). Cette analyse démontre, par un nouveau biais, le caractère utopique et profondément réactionnaire du modèle cyclique parfait qui se greffe simplement sur le temps aliéné de la société mécaniste, sans y opérer de changement qualitatif.

moderne » (*L'Exposition universelle de 1855*, Club 688)[4] et sur la démocratie[5], Baudelaire peut faire figure de réactionnaire[6]. Il est indéniable aussi que de nombreux passages de l'œuvre poétique explorent la force du passé à revaloriser le présent, p. ex. FM XXXVIII *Un Fantôme* 19–20:

> « Charme profond, magique, dont nous grise
> Dans le présent le passé restauré! »

ou même la fin de *Crépuscule du soir* (PPP XXII, Club 238): « (...) comme sous le noir présent transperce le délicieux passé (...) »; indéniable encore que, dans ses efforts pour saisir le monde, le poète n'arrive à nouer un contact avec autrui qu'à travers une série toujours plus radicale de transpositions.

Cependant l'analyse sartrienne néglige étrangement la *dialectique* de la pensée baudelairienne que Poulet, *Temps* 334–39 avait déjà relevée: si, dans le temps extatique, l'espace du passé se présente comme une dimension riche qui valorise le présent dont il est « la continuation même (...) *par en deçà* », le rapport s'inverse dans le temps du gouffre où il y a « discontinuité absolue

---

[4] Cf. supra II p. 95 sq. Le concept de progrès est devenu de plus en plus antipathique à Baudelaire, comme en font foi les Journaux intimes. V. *Fusées* XIV (Club 1435): l'absurdité du progrès, puisque l'homme « est toujours semblable et égal à l'homme, c'est à dire toujours à l'état sauvage », et surtout *Mon cœur mis à nu* IX (Club 1454). D'ailleurs, le développement de la pensée moderne n'a fait que donner raison aux doutes de Baudelaire sur la valeur de cette idée d'un progrès *collectif* et pour ainsi dire mécanique. En fait, rien de moins réactionnaire que l'insistance de Baudelaire sur la nécessité d'un progrès *individuel*. Car Baudelaire ne récuse pas l'idée de progrès, ce qui montre déjà que Sartre a tort de lui refuser la dimension futurale:

> « La croyance au progrès est une doctrine de paresseux, une doctrine de *Belges*. C'est l'individu qui compte sur ses voisins pour faire sa besogne.
>
> Il ne peut y avoir de progrès vrai, c'est à dire moral, que dans l'individu luimême ».

Voilà en même temps merveilleusement défini le sens du *travail* poétique, tourné entièrement vers le futur, c'est-à-dire vers le « progrès moral ». V. encore, dans le même sens, *Mon cœur mis à nu* XLVII (Club 1478) et *Projet de préface* (Adam 248).

[5] V. p.ex. *Mon cœur mis à nu* XIII (Club 1456) « Il n'y a de gouvernement raisonnable et assuré que l'aristocratique. Monarchie ou république basées sur la démocratie sont également absurdes et faibles ».

[6] Ce réquisitoire fut déjà dressé contre Baudelaire par Lukács (cité par Galand 12 sq.) qui le range parmi « ces écrivains qui tentèrent de donner à la crise idéologique et artistique de leur temps un tournant réactionnaire, qui se montrèrent traditionalistes par leurs tendances formalistes aussi bien qu'idéologiques (...) » Il me semble que W. Benjamin démontre sans réplique le mal fondé d'un tel reproche. Baudelaire enregistre fidèlement un état de crise douloureuse, aussi bien conceptuel que social, et il ne propose certainement pas une pseudo-solution.

par en deçà entre notre moi présent et tout le reste de notre vie » (op. cit. 339). Aussi Sartre a-t-il fait bon marché d'un certain nombre de déclarations, non moins retentissantes, qui vont exactement dans le sens opposé à celui de ce prétendu passéisme, comme l'a d'ailleurs très bien montré Blin, *Sadisme* 137–38. Je n'en veux pour exemple que le *modernisme* si souvent affirmé par Baudelaire:

> « S'appeler romantique et regarder systématiquement le passé, c'est se contredire » (*Salon de 1848*, Club 602).

En outre, Sartre ne semble pas attribuer d'importance au fait qu'un des mouvements les plus constants des FM est la *révolte contre un futur mécaniste*, symbolisé par le tic-tac de l'horloge[7], dont Baudelaire ne cesse de déplorer le rythme funeste:

> « Et le Temps m'engloutit minute par minute,
> Comme la neige immense un corps pris de roideur »
> (FM LXXX *Le Goût du néant* 11–12)[8].

Le poète souligne ailleurs que toute pensée faisant abstraction de la réalité future – et qui serait donc de nature proprement passéiste – serait comme un torse tronqué, un masque:

> « C'est que demain, hélas! il faudra vivre encore!
> Demain, après-demain et toujours! – comme nous! »
> (FM XX *Le Masque* 35–36).

C'est pour retrouver les bases sur lesquelles on pourrait reconstruire un futur authentique, que Baudelaire se tourne vers le *présent*: non pas pour retrouver le passé, mais pour explorer *toutes* les possibilités (dont celles que fournit le passé) de fonder l'œuvre future.

Dans sa profonde étude sociologique des FM, Walter Benjamin établit le rapport entre le temps baudelairien, l'expérience proustienne du temps retrouvé et la philosophie bergsonienne de la durée. Mais il en souligne aussi la différence: Bergson ne réussit pas à intégrer le passé, la tradition et l'histoire dans son temps: « Die Durée, aus der der Tod getilgt ist, hat die schlechte Unendlichkeit eines Ornament » (Benjamin 232)[9]. En revanche,

---

[7] Cf. la note supra contre le « progrès automatique », p. 163 et II, p. 96 n. 26.

[8] Cf. les textes complémentaires cités par Adam 287 dans son commentaire à *L'Ennemi*.

[9] Voilà précisément la faiblesse conceptuelle du « modèle cyclique accompli » que nous avons examiné à propos des *Chats*.

si Baudelaire n'y réussit pas non plus, il n'escamote pas la difficulté, il expose loyalement « die auseinandergesprengten Bestandstücke echter historischer Erfahrung » (Benjamin 231)[10]. La raison en est que « dans l'expérience baudelairienne durée vécue et espace vécu sont l'analogue exact l'un de l'autre » (Poulet, *Cercle* 407)[11]: pour Baudelaire il est impossible d'isoler l'homme de son contexte social.

Les textes où Baudelaire s'élève contre l'idôlatrie du passé traitent presque tous de problèmes esthétiques. C'est que Baudelaire, dans son pari personnel, a risqué toute sa mise sur la création poétique (la « recherche du beau ») afin d'y trouver un fondement pour l'étude du présent, base de toute construction future. A propos de Constantin Guys, il déclare ainsi dans *Le peintre de la vie moderne* (Club 896): « Le plaisir que nous retirons de la représentation du présent tient non seulement à la beauté dont il peut être revêtu, mais aussi à sa qualité essentielle de présent »[12].

En fin de compte, la thèse sartrienne achoppe précisément sur l'étonnante création baudelairienne d'un recueil éblouissant de poèmes parfaits; cette création, c'est la conquête réitérée sur un futur mécaniste, conquête qui consiste essentiellement, à partir d'un approfondissement des dimensions du présent, dans la *construction* d'un futur personnel, construction jamais achevée et qui n'a de valeur que dans le travail même d'élaboration. Ainsi, si la présente étude a dégagé l'orientation négative du signe (la courbe descendante), elle a aussi permis de saisir, je l'espère, son mouvement perpétuel qui en fait l'expression d'une *recherche* s'apparentant par bien des côtés aux recherches esthétiques modernes sur le langage. L'essentiel chez Baudelaire, ce n'est pas tant la doctrine analogique des harmonies, que la capacité du langage à *signifier*, c'est à dire à créer, non pas *un* nouveau monde, lieu du salut éternel, et qui se substituerait au monde réel[13], mais *le* monde, c'est à dire une construction personnelle qui rendrait le monde réel et le temps dynamique. Ce n'est qu'en créant ses poésies que Baudelaire accède à la vraie vie.

Dans un essai qui fit beaucoup de bruit en son temps (1955), Alain Robbe-

---

10 Pour la différence entre Baudelaire et Proust v. II p. 88 n. 14.

11 Voir supra I p. 54 sq.

12 Cf. Galand 122–24 qui montre bien ce qu'il y a de positif dans la signification que donne Baudelaire au passé: « (. . .) il ne s'agit pas tant pour lui de fuir la responsabilité d'une liberté insupportable que de renverser le progrès de la décrépitude » (p. 123). Ainsi l'attitude baudelairienne n'est pas l'évasion symboliste, mais la tentative d'intégrer le passé dans une construction d'un présent soustrait au devenir mécanique.

13 Voilà le sens de la *paresse* stigmatisée dans les journaux intimes.

Grillet fustigeait l'écrivain traditionnel qui se voulait explorateur de vérités psychologiques neuves et troublantes: « Descendu dans l'abîme des passions humaines, il [l'écrivain] envoyait au monde tranquille en apparence (celui de la surface) des messages de victoire, décrivant les mystères qu'il avait touchés du doigt. Et le vertige sacré qui envahissait alors le lecteur, loin d'engendrer l'angoisse ou la nausée, le rassurait au contraire quant à son pouvoir de domination sur le monde » (*A quoi servent les théories*, in: *Pour un nouveau roman.* Paris (1963) 26). Ces spirituelles paroles, qui empruntent le vocabulaire du gouffre baudelairien, nous aident à voir combien Baudelaire était loin lui-même de la conception romantique du poète-mage qui nous rassure en nous éclairant sur notre gouffre personnel: son message consiste à nous dire que le fond n'est jamais atteint et que la vérité tient dans la recherche.

Au début du présent ouvrage, je définissais le projet baudelairien comme la *recherche de l'unité intégrale*. Les analyses qui précèdent nous ont permis de constater que, pour Baudelaire, tout homme qui veut brûler les étapes pour atteindre au plus vite le havre paradisiaque de l'unité est condamné à sombrer en chemin dans l'abîme de la vie. D'autre part, celui qui renonce à chercher s'enlise fatalement dans la paresse philistine ou succombe à la bêtise politique. Ainsi la seule issue pour tout homme sincère et entier, pour tout homme *moral*, reste l'activité même de tendre, à travers des attitudes idéologiques qui peuvent varier, vers le but caché, mais dont on sait qu'il est là. Voilà d'ailleurs pourquoi Baudelaire se donna tant de mal à *construire sa vie*, à édifier une image complète de lui-même: le dandy[14]. Comme en témoigne le sonnet du *Gouffre*, Baudelaire se rendait fort bien compte que, dans sa vie d'homme social, il avait échoué lamentablement dans cette recherche, dans cette entreprise de construction d'un moi total. Mais nous savons que cette entreprise, il l'acheva triomphalement dans son art. Que tout lecteur de Baudelaire qui douterait de la valeur existentielle de sa création poétique médite encore une fois ce mot du poète:

> « Tant que je n'aurai pas *la preuve* que, dans le vrai combat, celui du temps, je serai battu, je n'accepterai pas de dire que j'ai manqué ma vie (. . .) »[15]

[14] Cf. Poulet, *Temps* 343.

[15] *Années de Bruxelles*, 10 nov. 1864 (Pléiade, éd. Le Dantec II 707).

Vol. 6: Mikael Venge: *Christian 2.s fald. Spillet om magten i Danmark januar–februar 1523.* 1972. 218 pp. Dan.kr. 60.00 *plus* sales tax.

Vol. 7: Aage Trommer: *Modstandsarbejde i nærbillede. Det illegale arbejde i Syd- og Sønderjylland under den tyske besættelse af Danmark 1940–1945.* 1973. About 490 pp. Dan.kr. 90.00 *plus* sales tax.

Vol. 8: Klaus Jørgensen: *Atomvåbnenes rolle i dansk politik. Med særligt henblik på Kampagnen mod Atomvåben 1960–68.* About 171 pp. Dan.kr. 40.00 *plus* sales tax.

Vol. 9: Erik Gørtz: *Measures of the Effects of Economic Policy.* 1973. About 59 pp. Dan.kr. 30.00 *plus* sales tax.

Vol. 10: Leif Szomlaiski: *Yngre Sjællandske Krønike. Baggrund, tilblivelse og værdi.* 1973. About 120 pp. Dan.kr. 40.00 *plus* sales tax.

Vol. 11: Aage Fasmer Blomberg: *Fyns vilkår under Svenskekrigen 1657–60.* 1973. About 600 pp. Dan.kr. 100.00 *plus* sales tax.

Vol. 12: Ole Nørskov Nielsen: *Andagtslitteraturen og de gudelige vækkelser på Fyn 1820–1840.* 1973. About 175 pp. Dan.kr. 40.00 *plus* sales tax.

Odense University Studies in Linguistics

Vol. 1: Niels Danielsen: *Zum Wesen des Konditionalsatzes, nicht zuletzt im Indoeuropäischen.* 1968. 75 pp. Dan.kr. 40.00 *plus* sales tax.

Vol. 2: Niels Danielsen: *Status und Polarität im Gotischen im Lichte des Kymrischen dargestellt.* 1968. 154 pp. Dan.kr. 60.00 *plus* sales tax.

Odense University Studies in Literature

Vol. 1: Erik M. Christensen & Lars Nilsson: *Om Ibsen's* Vildanden. *To artikler.* 1969. 71 pp. Dan.kr. 16.00 *plus* sales tax.

Vol. 2: Erik M. Christensen: *Verifikationsproblemet ved litteraturvidenskabelig meningsanalyse.* 1971. 210 pp. Dan.kr. 40.00 *plus* sales tax.

Odense University Studies in Philosophy

Vol. 1: Klaus-Henrik Jacobsen: *A Companion to Dr. Zinkernagel's Conditions for Description.* 1972. 96 pp. Dan.kr. 30.00 *plus* sales tax.

Vol. 2: Lennart Nørreklit: *Concepts. Their Nature and Significance for Metaphysics and Epistemology.* 1973. About 223 pp. Dan.kr. 70.00 *plus* sales tax.

Odense University Studies in Psychiatry and Medical Psychology

Vol. 1: Niels Pedersen: *Cannabis, hash og marihuana. Redegørelse for et samfundsproblem på basis af forskningsresultater.* 1973. About 190 pp. Dan. kr. 42.00 *plus* sales tax.

Odense University Studies in Scandinavian Languages and Literatures

Vol. 1: Niels Åge Nielsen: *Runestudier.* 1968. 125 pp., plates. Dan.kr. 40.00 *plus* sales tax.

Vol. 2: Niels Åge Nielsen: *Runerne på Rökstenen.* 1969. 68 pp., plates. Dan.kr. 25.00 *plus* sales tax.

Vol. 3: Johan E. de Mylius: *Sigurd Hoel – befrieren i fugleham.* 1972. 292 pp. Dan.kr. 50.00 *plus* sales tax.

Available from your bookseller or directly from

Odense University Press

72 Vindegade, DK-5100 Odense, Denmark.

Address after July 1st, 1973: P.O. Box 69, DK-5260 Hjallese, Denmark.

Publications from Odense University

April, 1973

Études romanes de l'Université d'Odense

Vol. 1: Gerhard Boysen: *Subjonctif et hiérarchie. Étude sur l'emploi du subjonctif dans les propositions complétives objets de verbes en français moderne.* 1971. 190 pp. Dan.kr. 70.00 *plus* sales tax.

Vol. 2: Jørn Moestrup: *The Structural Patterns of Pirandello's Work.* 1972. 294 pp. Dan.kr. 70.00 *plus* sales tax.

Vol. 3: Palle Spore: *La diphtongaison romane.* 1972. 378 pp. Dan.kr. 100.00 *plus* sales tax.

Vol. 4: Morten Nøjgaard: *Élévation et expansion. Les deux dimensions de Baudelaire. Trois essais sur la technique poétique des Fleurs du Mal.* 1973. About 154 pp. Dan.kr. 60.00 *plus* sales tax.

Odense University Classical Studies

Vol. 1: Thorkild Breitenstein: *Hésiode et Archiloque.* 1971. 71 pp. Dan.kr. 40.00 *plus* sales tax.

Vol. 2: Ingrid Strøm: *Problems Concerning the Origin and Early Development of the Etruscan Orientalizing Style.* Text. Illustrations. 1971. 318 *plus* 89 pp. Dan.kr. 200.00 *plus* sales tax.

Vol. 3: Bjarne Schartau: *Observations on the Activities of the Byzantine Grammarians of the Palaeologian Era: II. The Impact of Thomas Magistros's Introductory Matter to the Euripidean Triad.* 1973. 150 pp., 10 plates. Dan.kr. 60.00 *plus* sales tax.

Odense University Slavic Studies

Vol. 1: Kristine Heltberg: *Studies on Slavic Derivation.* 1970. 160 pp. Dan.kr. 70.00 *plus* sales tax.

Odense University Studies in Art History

Vol. 1: Tove Lund Larsen: *Joseph Christian Lillie und sein Wirken als Innenarchitekt in Dänemark und Lübeck.* 1970. 44 pp., plates. Dan.kr. 16.00 *plus* sales tax.

Odense University Studies in English

Vol. 1: Hans H. Hartvigson: *On the Intonation and Position of the So-Called Sentence Modifiers in Present-Day English.* 1969. 269 pp. Dan.kr. 60.00 *plus* sales tax.

Odense University Studies in History and Social Sciences

Vol. 1: Anders Bjørnvad: *De fandt en vej. Den allierede overflyvning af Danmark under besættelsen og hjælpen til de nedstyrtede britiske og amerikanske flyvere.* 1970. 205 pp. Dan.kr. 40.00 *plus* sales tax.

Vol. 2: Jørn Henrik Petersen: *Aspekter af den økonomiske problematik i en centraldirigeret økonomi.* 1971. 311 pp. Dan.kr. 90.00 *plus* sales tax.

Vol. 3: Aage Trommer: *Jernbanesabotagen i Danmark under Den anden Verdenskrig. En krigshistorisk undersøgelse.* 1971. 323 pp. Dan.kr. 60.00 *plus* sales tax.

Vol. 4: Henning Bregnsbo: *Kampen om skolelovene af 1958. En studie i interesseorganisationers politiske aktivitet.* 1971. 236 pp. Dan.kr. 56.00 *plus* sales tax.

Vol. 5: Jørn Henrik Petersen: *Socialpolitisk teori. Bind I.* 1972. 135 pp. Dan.kr. 30.00 *plus* sales tax.

Bibliographie

I. Editions.

L'œuvre de Baudelaire. Ed. P. Schneider. Paris (Le Club français du livre) 1955.

Œuvres complètes. Ed. par Cl. Pichois. Paris (Ed. de la Pléiade) 1961.

Les Fleurs du Mal. Ed. Pichois-Pommier. Club des libraires de France. Paris 1959.

Les Fleurs du Mal. Ed. A. Adam. Paris (Garnier) 1961.

Les Fleurs du Mal. Ed. critique par J. Crépet – G. Blin, refondue par G. Blin et Cl. Pichois. Paris (J. Corti) 1968.

II. Etudes. (De l'immense littérature baudelairienne, je ne cite que les études qui importent particulièrement au présent ouvrage.)

Aarnes, Asbjørn (red.): Charles Baudelaire og den skapende fantasi. En essaysamling. Oslo 1967.

Antoine, Gérald: Pour une nouvelle exploration « stylistique » du *gouffre* baudelairien. in: le Français Moderne XXX (1962) pp. 81–98.

Austin, James Lloyd: L'univers poétique de Baudelaire: Symbolisme et symbolique. Paris 1956.

Bachelard, Gaston: Instant poétique et instant métaphysique. in: Le droit de rêver. Paris 1970. Pp. 224–32.

Benjamin, W.: Über einige Motive bie Baudelaire. in: Illuminationen. Frankfurt-am-Main 1961. Pp. 201–45.

Blin, Georges: Le sadisme de Baudelaire. Paris 1948.

Burns, Colin A.: Notes on the First Edition of Les Fleurs du Mal. in: Nottingham French Studies II, 1 (1963) pp. 14–24.

Burns, Colin A.: « Architecture secrète »: Notes on the Second Edition of les Fleurs du Mal. in: Nottingham French Studies V, 2 (1966) pp. 67–79.

Campbell Jr., Worthington: Two Readings of Baudelaire: A consideration of the criticism of consciousness. in: Criticism 13 (1971) pp. 386–401.

Cargo, Robert T.: A Concordance to Baudelaire's Les Fleurs du Mal. Chapel Hill 1965.

Castex, Pierre-Georges: Baudelaire critique d'art. Etude et Album. Paris 1969.

Cellier, Léon: D'une rhétorique profonde, Baudelaire et l'oxymoron. in: Cahiers internationaux de symbolisme 8 (1965) pp. 3–14.

Cellier, Léon: « Les Chats » de Charles Baudelaire. Essai d'exégèse. in: Revue des sciences humaines XXXVI (1971) pp. 207–15.

Chérix, Robert Benoit: Un commentaire des Fleurs du Mal. 2e éd. Genève 1962.

Delsipech, Willy: Les chats, essai d'analyse formelle. in: Revue de l'Institut de sociologie Bruxelles (1969) pp. 415–25.

Durand, Gilbert: Les chats, les rats et les structuralistes. Symbole et structuralisme figuratif. in: Cahiers internationaux de symbolisme 17–18 (1969) pp. 13–38.

Engström, Alfred G.: Baudelaire's Title for les Fleurs du Mal. Orbis Litterarum XII (1957) pp. 193–202.
Etudes baudelairiennes I–II. Paris 1971.
Ferran, André: L'Esthétique de Baudelaire. Paris 1933.
Feuillerat, Albert: L'architecture des Fleurs du Mal. Yale Romanic Studies XVIII, 1941.
Fondane, Benjamin: Baudelaire et l'expérience du gouffre. Paris 1947.
François, Carlo R.: La *Vie antérieure* de Baudelaire. in: Modern Language Notes LXXIII (1958) pp. 194–200.
Frandon, I.-M.: Le Structuralisme et les caractères de l'œuvre littéraire. A propos des « Chats » de Baudelaire. in: Revue d'histoire littéraire de la France (1972) pp. 101–16.
Gallard, René: Baudelaire. Poétique et poésies. Paris 1969.
Gheerbrant, Bernard: Baudelaire critique d'art. Paris 1956.
Goldmann, Lucien et Peters, Norbert: « Les Chats ». in: Revue de l'Institut de sociologie Bruxelles (1969) pp. 409–13.
Guiraud, Pierre: La symbolique du temps: le temps lyrique. in: Essais de stylistique. Paris 1969. Pp. 173–89.
Guiraud, Pierre: Le champ stylistique du *gouffre* de Baudelaire. in: Orbis Litterarum (supplément) 1958. Pp. 75–84.
Guiraud, Pierre: Structure lexicale des Fleurs du Mal. in: Essais de stylistique. Paris 1969. Pp. 95–107.
Holst, C. V.: Baudelaires Estetikk. Oslo 1954.
Hubert, Judd David: L'Esthétique des Fleurs du Mal. Essai sur l'ambiguïté poétique. Genève 1953.
Hughes, Randolph: Baudelaire et Balzac. in: Mercure de France 255 (1er nov. 1934) pp. 476–518.
Jakobson, Roman: Une microscopie du dernier Spleen dans les Fleurs du Mal. in: Tel Quel 29 (1967) pp. 12–24.
Jakobson, Roman et Lévi-Strauss, Claude: « Les Chats » de Charles Baudelaire. in: L'Homme II (1962) pp. 5–21.
Kabell, Aage: Les Fleurs du Mal. København 1950.
Leakey, F. W.: « Two poems of Baudelaire ». in: Littérature Moderne VI (1956) pp. 482–89.
Leakey, F. W.: Baudelaire and Nature. Manchester 1969.
Lefebve, M.-J.: L'ambiguïté des symboles de Baudelaire à Nous. in: Cahiers internationaux du symbolisme 5 (1962) pp. 57–74.
Lindberger, Lindberger, Örjan: De l'architecture dans les Fleurs du Mal. in: Studia Neophilologica XXVIII (1956) pp. 244–48.
Michaud, Régis: Baudelaire, Balzac et les Correspondances. in: The Romanic Review 1938 (29) pp. 253–61.
Michaux, Henri: Connaissance par les gouffres. Paris 1961.
Mossop, D. J.: Baudelaire's Tragic Hero. A Study of the Architecture of the Fleurs du Mal. Oxford 1961.
Mounin, Georges: Baudelaire devant une critique structurale. in: Annales de la Faculté des Lettres de Nice 4–5 (1968) pp. 155–60.
Nykrog, Per: La pensée de Balzac dans la Comédie humaine. Copenhagen 1965.
Pellegrin, Jean: Felices Feles. in: Poétique 9 (1972) pp. 89–101.

Peyre, H.: L'image du navire chez Baudelaire. in: Modern Language Notes (1929) pp. 447–50.
Pieltain, Paul: Sur l'image d'un soleil noir. in: Cahiers d'analyse textuelle 5 (1963) pp. 88–94.
Pommier, Jean: La mystique de Baudelaire (Paris 1932). Reprint Genève 1967.
Pommier, Jean: Baudelaire et Michelet devant la jeune critique. in: Revue d'histoire littéraire de la France 57 (1957) pp. 544–64.
Porché, François: Baudelaire. Histoire d'une âme. Paris 1944.
Poulet, Georges: Les métamorphoses du cercle. Paris 1961.
Poulet, Georges: Etudes sur le temps humain. I. Edinburgh 1949.
Prévost, Jean: Baudelaire, essai sur l'inspiration et la création poétiques. Paris 1953.
Quemada, B.: Baudelaire. Les Fleurs du Mal. Concordances. Index et relevés statistiques, établis [. . .] par le Centre d'Etude du Vocabulaire Français de la Faculté des Lettres de Besançon avec la collaboration de K. Menemencioglu. Paris (Larousse) s.d.
Revzin, I. D., Generativ Grammars, Stylistics and Poetics. in: Sign, Language, Culture. The Hague (Mouton) 1970, pp. 558–69.
Richard, Jean-Pierre: Profondeur de Baudelaire. in: Poésie et Profondeur. Paris 1955.
Riffaterre, Hermine B.: L'Orphisme dans la poésie romantique. Thèmes et style surnaturalistes. Paris 1970.
Riffaterre, Michel: Describing Poetic Structures: Two approaches to Baudelaire's *les Chats*. in: Yale French Studies 36–37 (1966) pp. 200–42. Réimprimé dans: Essais de stylistique structurale. Paris 1971, pp. 307–64.
Rimestad, Chr.: Baudelaire. København 1927.
Rousseau, René L.: Baudelaire adorateur de la lune. in: Synthèses XIX (1964) pp. 87–98.
Ruff, Marcel A.: L'Esprit du mal et l'esthétique baudelairienne. Paris (Colin) 1955.
Salvan, Jacques: Le sens de la chute dans l'œuvre de Baudelaire. in: French Review XXXIV (1960) pp. 127–39.
Sartre, Jean-Paul: Baudelaire. Paris 1947.
Somville, Léon: Le poème « Les Chats » de Baudelaire, essai d'exégèse. in: Etudes littéraires V (1972) pp. 189–211.
Spitzer, Leo: Baudelaire's *Spleen*. in: Romanische Literatur Studien. Tübingen 1959. Pp. 286–94.
Sørensen, Hans: Studier i Baudelaires poesi. Copenhague 1955.
Sørensen, Hans: Baudelaire's ideal. in: Festskrift til Paul V. Rubow. København 1956. Pp. 236–55.
Sørensen, Hans: Le cycle des « héroïnes secondaires » des Fleurs du Mal. in: Orbis Litterarum XII (1954) pp. 222–43.
Turnell, Martin: Baudelaire. A Study of his Poetry. London 1953.

Index analytique des signes poétiques et des problèmes discutés

(Si le renvoi se fait à une note, le chiffre est suivi de « n. »)

Index des poèmes cités

(Je ne relève que les endroits présentant des éléments (normalement succints) de commentaire du poème cité.)

Index des auteurs cités